Eberhard Gabler

Der Feder-Führer

Zu welchem Vogel gehört diese Feder?

Bassermann

ISBN 978-3-8094-3192-3

3. Auflage 2022

Umschlaggestaltung, Layout und Satz: Atelier Versen, Bad Aibling
Illustrationen: Eberhard Gabler

Projektleitung: Herta Winkler
Redaktion: Nina Andres, München
Herstellung: Claudia Scheike

Druck & Bindung: Litotipografia Alcione Srl., Lavis, Trient, Italien

Penguin Random House Verlagsgruppe FSC® N001967

Inhaltsverzeichnis

Kleine Federkunde

Tierzeichen lesen ist ein Abenteuer, das durch Federfunde in der freien Natur eine besondere Faszination erfährt. Federn geben uns Hinweise auf heimische oder durchziehende Vogelarten.
Sind wir über die Vogelwelt eines Gebietes informiert und verfügen wir über eine solide Artenkenntnis, so erleichtert das die Zuordnung der aufgefundenen Feder zur Vogelart. Schwieriger ist das Bestimmen, wenn wir fast gleich gefärbte oder gleich gezeichnete Federn verschiedener Arten finden. Aber auch in diesem Fall möchte dieser Praxisführer Hilfestellung geben. Federn zu bestimmen ist oft ein Geduldsspiel, aber ein lohnendes.
Für den Federsammler von besonderem Interesse sind die Großgefiederfedern, also Hand-, Arm-Steuerfedern. Aber auch kleinere Federn von Brust, Rücken, Flanke und Bürzel geben interessante Aufschlüsse, vor allem bei Arten mit auffallender Gefiederzeichnung und Farbe. Die Einzelfeder in Feld, Wald, im Berg oder am Strand erfreut uns ebenso wie der Rupfplatz von Habicht, Sperber oder anderen Greifvögeln. Ergiebig sind Mauserplätze verschiedener Arten, zum Beispiel Enten, Gänse und Möwen, sie sind wahre »Fundgruben«.

Wo Federn zu finden sind

Unter Rupfung verstehen wir den Platz, an welchem ein Greifvogel ein Beutetier, etwa einen Vogel, vor dem Verzehr, dem »Kröpfen«, bearbeitet, also gerupft hat. Hier liegen die Federn des Beutevogels oder die Haare eines Säugers, angehäuft. Einige Greifvögel aber rupfen ihre Beute im Geäst hoher Bäume, auf Lichtmasten u. Ä., sodass die Federn vom Wind weggetragen werden.
Rupfplätze von Sperber und Habicht finden wir oft auf erhöhten Bodenstellen wie Wurzelstöcken, Baumstämmen, Wurfästen oder auf Steinen. Von hier aus hat der Greif eine gute Übersicht auf das ihn umgebende Gelände und er vermag bei Störungen rechtzeitig davon zu streichen. Nicht selten nimmt er dabei die angerupfte Beute mit, sodass wir mitunter mehrere kleine Rupfplätze mit den Federn desselben Beutevogels finden.
Der Habicht rupft in der Regel in Deckung, während der Sperber den aufgelockerten Bestand bevorzugt. Oft bestätigen »Schmelzstriche«,

Kotspritzer, über oder neben der Rupfung den Greifvogel als Beutebearbeiter. Die Federn einer Rupfung sind aus dem Beutevogel gezogen, Spule und Kiel unbeschädigt; eine winzige Knickstelle deutet vielleicht auf den Greifvogelschnabel hin. Ein Riss ist an den abgebissenen und oft an der Schnittstelle zerquetschten Spulen zu erkennen. Säuger wie Marder, Katze, Iltis oder Hermelin beißen die Federn am Vogelkörper ab.
Mauserplätze sollten wir während der Mauserzeiten der Vögel meiden, da Störungen einen zügigen Mauserverlauf empfindlich stören; die mausernden Vögel sind flugbehindert und geschwächt. Nach der Mauser aber sind diese Plätze ergiebige Fundorte für den Sammler.

Nicht jede Feder darf gesammelt werden

Das regelmäßige Aufsammeln der Mauserfedern bei Sperber und Habicht, auch bei Adler, bedarf einer ausdrücklichen Erlaubnis des zuständigen Forstamtes, Revierinhabers, gebietsweise auch der kontrollierenden Naturschutzstelle. Absprachen mit den verantwortlichen Personen und Stellen sollten auch im Rahmen wissenschaftlicher Arbeiten eine Selbstverständlichkeit sein!
Das sommerliche Federkleid des Vogels, auch als Prachtkleid bezeichnet, ist bei einigen Vogelarten kräftiger in Farbe und Zeichnung als das Ruhe- oder Schlichtkleid, das im Sommer nach der regen Zeit der Jungenaufzucht angelegt wird. Der »Kleiderwechsel« erfolgt durch die Teil- oder Vollmauser, in deren Verlauf die Altvögel die abgenutzten Federn durch neue ersetzen; auch ein Schlichtkleid überdauert einige Monate. Auch das Jugendkleid des Vogels verleiht der Artbestimmung eine gewisse Spannung.
Äußerst reizvoll, aber auch schwierig, ist die Artbestimmung bei Vogelarten mit langsamer Verfärbung, zum Beispiel bei den Möwen. Hier werden die unterschiedlichen Federkleider über einen langen Zeitraum getragen.
Vögel kennen keine Reviergrenzen. Außerhalb der Brutzeit, die sie an bestimmte Gebiete bindet, verlassen viele Arten ihre angestammten Reviere und streichen umher. So finden wir Federn klassischer Seevögel mitunter an Binnengewässern oder sogar im offenen Kulturland weit ab vom Wasser.

Die Fundorte

Die im Naturführer angegebenen Fundorte sind als kleine Hilfe bei der Federbestimmung gedacht.:

- Siedlung und Umland
- Küsten, Dünenlandschaft, Heiden
- Mittel- und Hochgebirge
- Auwälder, Teiche, Binnenseen, Fließgewässer
- Riede, Moore, Feuchtgebiete, Flussniederungen
- Obstwiesen, Stein- und Sandbrüche
- Offene Feldflur, Heckenlandschaft, Brache
- Wälder, Parks, Gärten
- Durchzügler und Irrgäste. Vögel, die selten im Beobachtungsgebiet erscheinen.

Federn untersuchen und richtig aufbewahren

Die Federn zwischen trockenes, möglichst raues Papier legen, das Feuchtigkeit aufnimmt.

Die abgestoßene »tote« Feder ist lichtempfindlich. Sie verliert an Farbe, wenn sie lange Zeit dem direkten Sonnenlicht ausgesetzt ist. Auch eine elektrische Dauerbeleuchtung kann Farbe und Zeichnung verfälschen.

Wichtig: Vor Aufnahme der Feder in die Sammelmappe ist eine gründliche Untersuchung notwendig: Sind Fraßmarken von Motte, Milbe oder Käfer zu erkennen (siehe Bilder Fraßspuren)? Neben der Kleidermotte suchen auch Silberfischchen und Kabinettkäfer sowie verschiedene Milben Federsammlungen heim. Bei Schädlingsbefall empfiehlt es sich, die Feder für ein paar Tage in Quarantäne zu geben, d. h., sie in einem luftdichten Gefäß mit Insektenmittel behandeln. Vorsicht! Die meisten chemischen Mittel sind gesundheitsschädlich. Man hole sich deshalb Rat in Apotheken oder fachlichen Instituten und Museen.

Pappe und Folie statt Leim

Federn sollten nicht aufgeklebt werden! Leim verfälscht Farbe, Struktur und Zeichnung. Man stecke sie in Pappschlitze, damit sie jederzeit als Schauobjekt zu verwenden sind. Das Blatt mit den so befestigten Federn stecke man in eine Folienhülle und verstaue das Ganze in einem insektensicheren Kasten. Aufbewahrungskästen sind im Fachhandel erhältlich. Das Federblatt mit Artnamen, Fundort und Datum des Auffindens der Feder versehen, Besonderheiten vermerken, zum Beispiel Rupfung, Riss, Feder vom toten Vogel oder übernommen von Vogelfreunden.

Fachliteratur

Die Brut- und Nestlingszeiten der Vögel sowie die Vogelgrößen wurden unter Zuhilfenahme folgender Fachliteratur mit den Daten des Autors verglichen:

Bezzel, Einhard: Vögel, BLV, München, 1985
Hoeher, Siegfried: Gelege, Neumann-Neudamm, Berlin, 1973
Mebs, Theodor: Greifvögel Europas, Kosmos, Stuttgart, 1989
Peterson, Roger T.; Mountfort, Guy; Hollom, Philip A. D.: Die Vögel Europas, Paray, Berlin, 1961
Pforr, Manfred; Limbrunner, Alfred: Ornithologischer Bildatlas der Brutvögel Europas, Neumann-Neudamm, Melsungen, 1980

Verwendete Abkürzungen

Ad. = Altvogel
Juv. = Jungvogel
W. = weiblich ♀
M. = männlich ♂
Wi. = Wintervogel
So. = Sommervogel

Der Aufbau der Feder, hier Waldkauz *Strix aluco*
Siehe „Zähnelung" der äußeren Handschwinge.

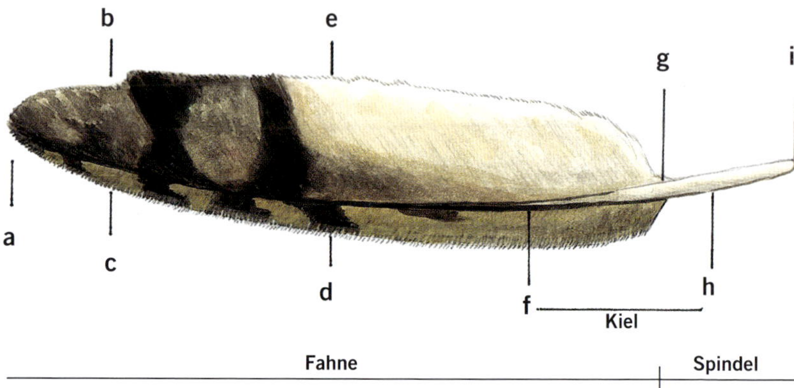

a Spitze
b Verengung Innenfahne
c Verengung Außenfahne
d Außenfahne
e Innenfahne
f Schaft
g Basis
h Spule
i Spulenspitze

Verschiedene Federformen

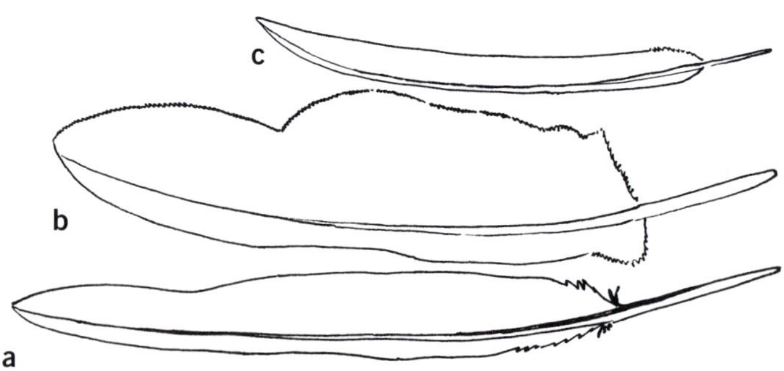

a äußere Handschwingenfeder **Ringeltaube** *Columba palumbus*
b äußere Handschwingenfeder **Waldkauz** *Strix aluco*
c äußere Handschwingenfeder **Mauersegler** *Apus apus*

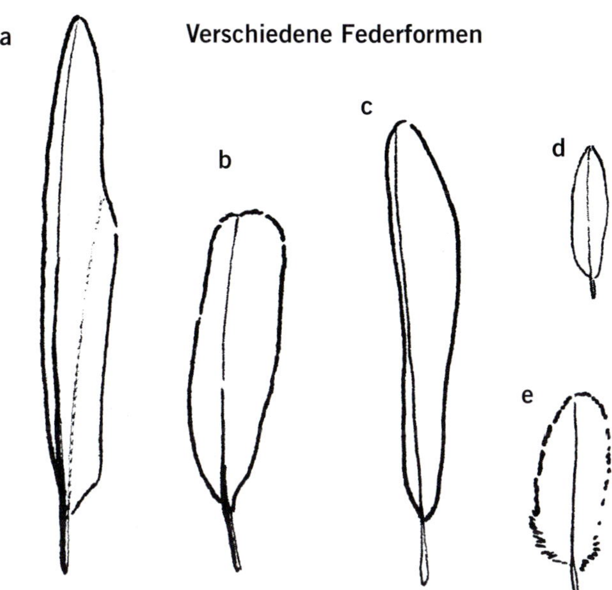

a Äußere Handschwinge **Grünling** *Chloris chloris*
b Armschwinge **c** äußere Steuerfeder **d** Handdeckfeder **e** Schulterfeder

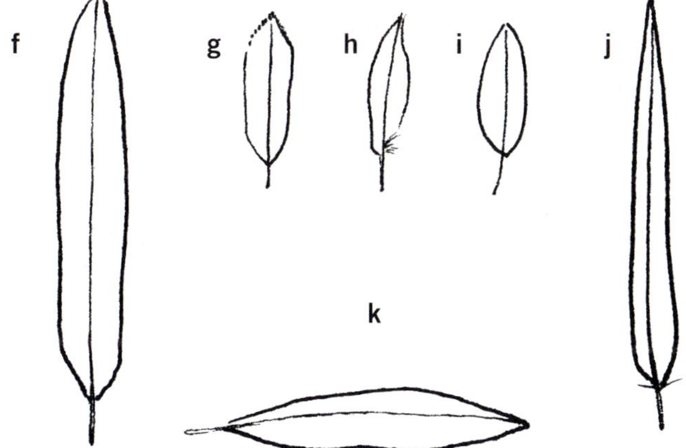

f Steuerfeder innen **g** Alula **h** Alula **Mauersegler** *Apus apus*
i Alula **Gimpel** *Pyrrhula pyrrhula* **j** äußere Steuerfeder **Mauersegler** *Apus apus*
k Armschwinge **Mauersegler** *Apus apus*

Anordnung der Federn am Vogelflügel

Distelfink / Stieglitz *Carduelis carduelis*

1 Handschwingen **2** Armschwingen **3** Alula / Daumenfittich **4** Große, mittlere und kleine Flügeldeckfedern **5** Schirmfedern **6** Schulterfedern

Der Vogelflügel

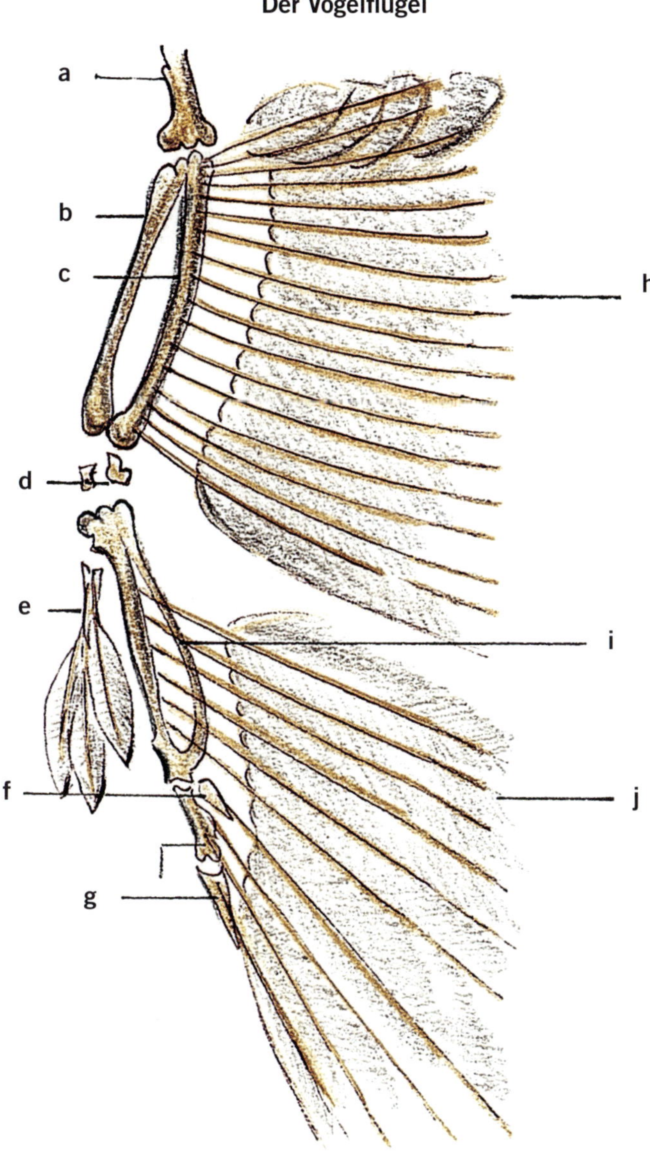

a Oberarmknochen mit Schulter **b** Speiche **c** Elle **d** Handwurzelknochen **e** Alula **f** 3. Finger **g** 2. Finger **h** Armschwinge **i** Mittelhandknochen **j** Handschwinge

Anordnung der Steuerfedern

Distelfink / Stieglitz *Carduelis carduelis*

(Weiße Felder der Steuer-Außenfedern sind nur im gespreizten Zustand zu erkennen.) Gezählt wird von innen nach außen.

Rupfung und Riss am Beispiel **Ringeltaube** *Columba palumbus* / Schwanz (Steuer)

a Riss. Feder abgebissen durch Fuchs, Marder, Katze?

b Rupfung, z. B. durch Greifvogel herausgezogene Feder (Knickstelle?)

Schädigungen an Federn in der Sammlung

a Normale Abnutzung einer Handschwingenfeder des **Turmfalken** *Falco tinnunculus* (Mauserreife)
b Fraßstellen von Silberfischchen an Steuerfeder der **Amsel** *Turdus merula.*
c Von Motten zerfressene Handschwingenfeder des **Eichelhähers** *Garrulus glandarius*
d **Singdrossel** *Turdus philomelos* Schirmfeder, von Kabinettkäfer angefressen

Federsammlung

Distelfink (Stieglitz) *Carduelis carduelis*

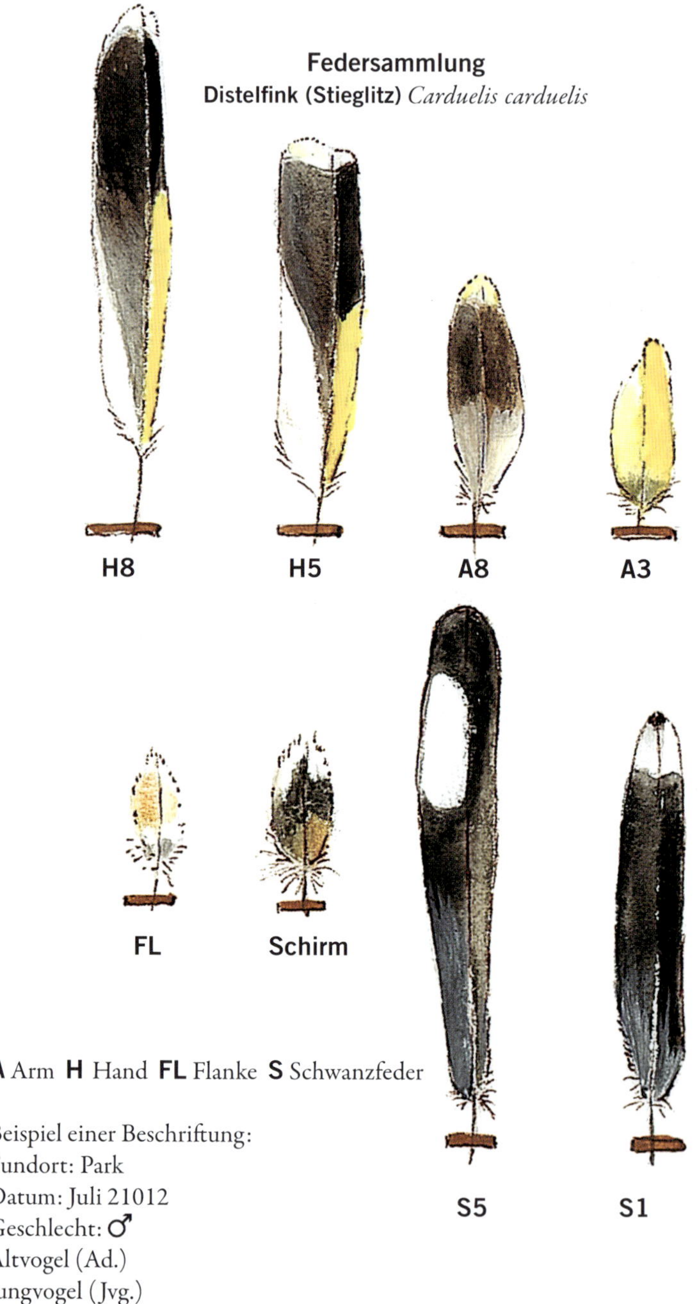

A Arm **H** Hand **FL** Flanke **S** Schwanzfeder

Beispiel einer Beschriftung:
Fundort: Park
Datum: Juli 21012
Geschlecht: ♂
Altvogel (Ad.)
Jungvogel (Jvg.)

Die topographische Zuordnung der dargestellten Feder.
Hier **Kleinspecht** *Dendrocopos minor*

a Handschwinge / 10 Federn **b** Armschwinge 11–12 Federn **c** Flügeldecken **d** Alula / Daumenfittiche **e** Unterflügeldecken **f** Bürzel **g** Steuer 12 Federn **h** Rückenfedern **i** Flanke **j** Brust **k** Unterschwanzdecken **l** Schirm- und Schulterfedern

Eisvogel mit Federn

Siedlungen und Umland

Schleiereule **Tyto alba**

ca. 34 cm

Standvogel, der in Kirchtürmen, Scheunen und Schuppen brütet, dort aber kein Nest baut. Eine Jahresbrut, Zweitbruten bekannt. In der Regel April, doch je nach Nahrungsangebot auch bis September. 4–5, auch 10 Eier. Brutdauer um die 30–34 Tage. Die Jungen werden etwa 20 Tage vom Weibchen gehudert. Mit 9 Wochen sind sie flugfähig und verlassen nach etwa 3 Monaten das elterliche Revier. Strenge und anhaltende Winter lichten die Bestände erheblich. Nahrung: Kleinsäuger, Mäuse, seltener Ratten.

a Hand
b Arm
c Steuer
d Flügeldeckfeder

Grauschnäpper **Muscicapa striata**

ca. 14 cm

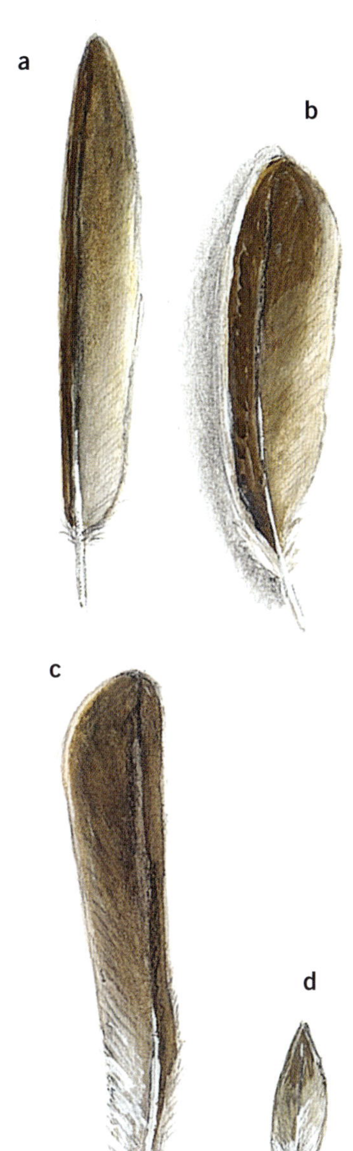

Zugvogel, der in Mauernischen, in Halbhöhlen aller Art sein Nest baut. Eine Jahresbrut Mai–Juni, 4–6 Eier. Brutdauer etwa 12 Tage, Nestlingszeit ca. 14 Tage. Insektennahrung, meistens schwirrende, fliegende Insekten, die in der Luft geschnappt werden.

a Hand
b Arm
c Steuer
d Flügeldecke

Bachstelze **Motacilla alba**

ca. 18 cm

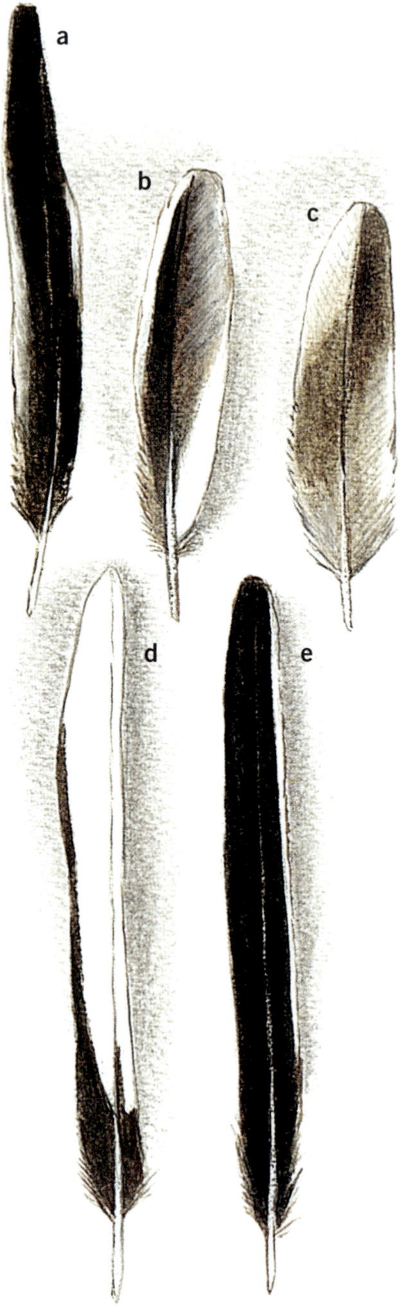

Halbhöhlenbrüter in Mauernischen, auf Brückenbalken, in Holzstößen und Rankpflanzen an Hauswänden. Zwei Jahresbruten April–Juli, 5–6 Eier. Brutdauer etwa 14 Tage, Nestlingszeit ca. 15 Tage. Kuckuckswirt. Nahrung: überwiegend Insekten aller Art.

a Hand
b und **c** Arm
d und **e** Steuer

Zaunkönig **Troglodytes troglodytes**

ca. 9 cm

Äußerst reger Kleinvogel, der sein kugeliges Nest in Wurzelstöcke, Reisighaufen und Mauernischen baut. In der Regel mehrere „Spielnester", aus denen das Weibchen das Brutnest wählt. Männchen verpaaren sich mit mehreren Weibchen. Zwei Jahresbruten April–Juli, 5–6 Eier. Brutdauer ca. 16 Tage, Nestlingszeit ca. 15 Tage. Kuckuckswirt. Nahrung: Insekten.

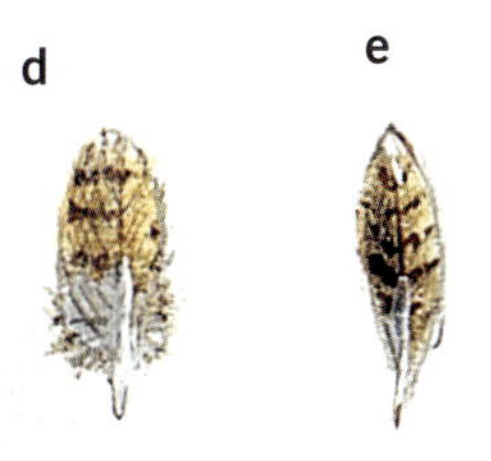

a Hand
b Arm
c Steuer
d Flügeldecke
e Alula

Haussperling **Passer domesticus**

ca. 15 cm

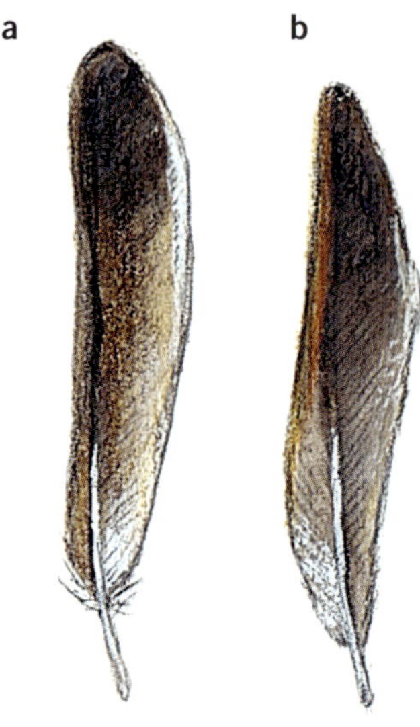

Standvogel, der in Nischen, Mauerlöchern, unter Dächern, auch in großen Vogelnestern, oft in Kolonien brütet. 3–4 Jahresbruten, April–August. Brutdauer 13–14 Tage, Nestlingszeit bis 16 Tage. Nahrung: gemischte Kost, Samen, Insekten, Speiseabfälle.

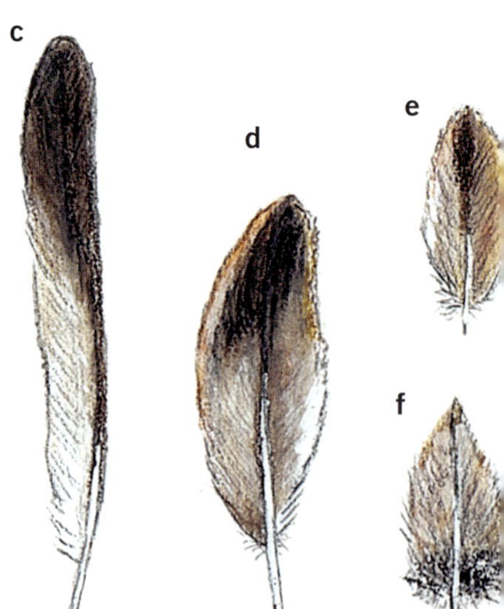

a und **b** Steuer
c Hand
d Arm

Gartengrasmücke **Sylvia borin**

ca. 14 cm

a

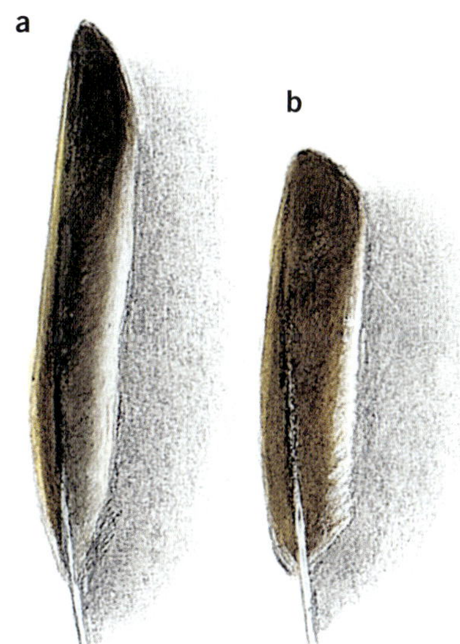

b

Zugvogel, der im dichten Gerank von Beerensträuchern und anderen Gebüschen sein sperriges Grasnest baut. Eine Jahresbrut Mai–Juni, auch Nachgelege. 4–6 Eier. Brutdauer 12 Tage, Nestlingszeit etwa 12 Tage. Oft Kuckuckswirt. Nahrung: Insekten, Beeren.

c

a Hand
b Arm
c Steuer

Amsel **Turdus merula**

ca. 26 cm

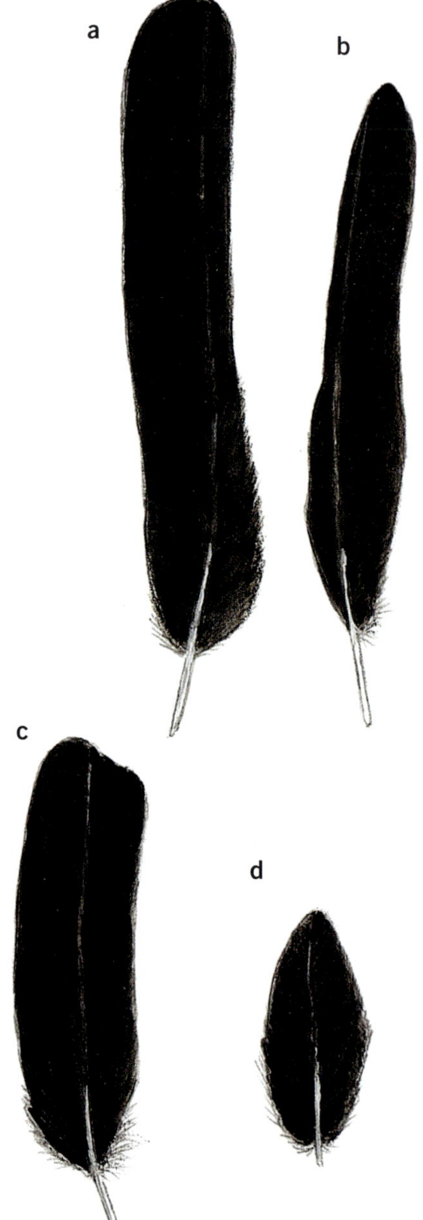

Häufige Drossel in fast allen Biotopformen. Brütet in Mauernischen, in und an Gehöften, in Hecken und auf Bäumen. Festgekittete Nester aus verschiedenen Materialien. Zwei Jahresbruten April–Juli / August, 4–6 Eier. Brutdauer etwa 14 Tage, Nestlingszeit ca. 15–16 Tage. Nahrung: Insekten, Würmer, Beeren.

a Steuer
b Hand
c Arm
d Flügeldecke

Sommergoldhähnchen **Regulus ignicapillus**

ca. 9 cm

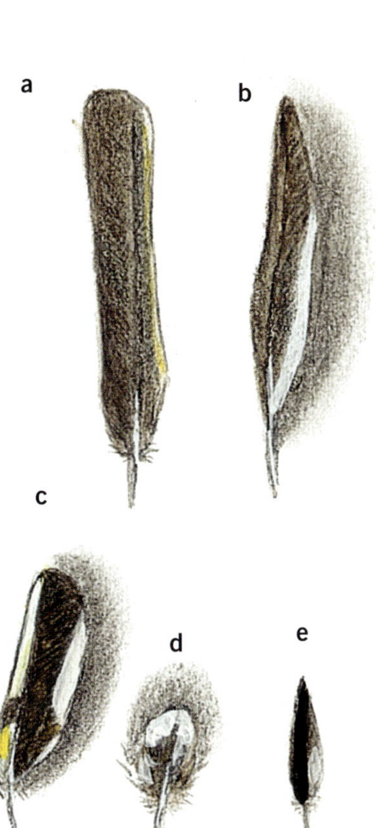

Bevorzugt als Brutplatz Mischwälder und Parks, alte Friedhöfe mit reichlich dichtem Unterholz. Brütet hoch in Fichten, Wacholder, auch im Efeu, meistens in Hängenestern. Zwei Jahresbruten Mai–Juli, 6–10 Eier. Brutdauer etwa 14 Tage, Nestlingszeit zwischen 18–20 Tage. Nahrung: Spinnentier, Insekten.

a Steuer
b Hand
c Arm
d Flügeldecke
e Alula

Türkentaube **Streptopelia decaocto**

ca. 28 cm

Nistet auf Bäumen und an Gebäuden. Nest einfacher Reisigbau, typisches Taubennest. Zwei Jahresbruten, oft auch drei Bruten. März–September / Oktober. Brutdauer ca. 15 Tage, Nestlingszeit 18 Tage, 20 Tage sind bekannt. Nahrung: Sämereien, weiche Pflanzenteile, Gewürm.

a und **b** Hand
c Steuer Oberseite
(Unterseite dunkler)
d Arm
e Schirm

Star Sturnus vulgaris

ca. 22 cm

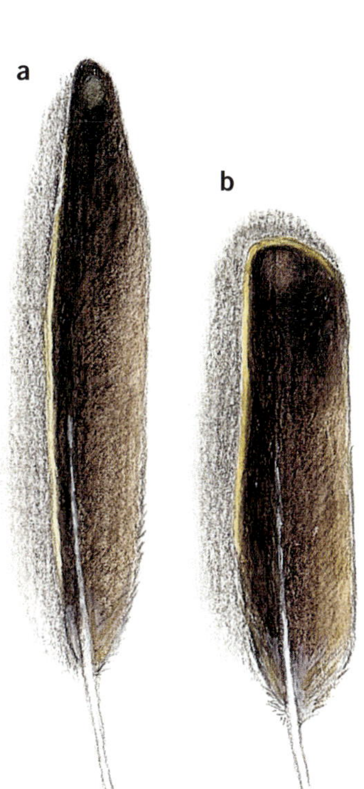

Strich– / Standvogel, im Winterhalbjahr umherstreifend. Eine Jahresbrut in Höhlen aller Art. April–Mai, seltener Zweitbrut, 5–6 Eier. Brutdauer etwa 14 Tage, Nestlingszeit ca. 21 Tage. Nahrung: Würmer, Käfer, Raupen, Beeren und andere Früchte.

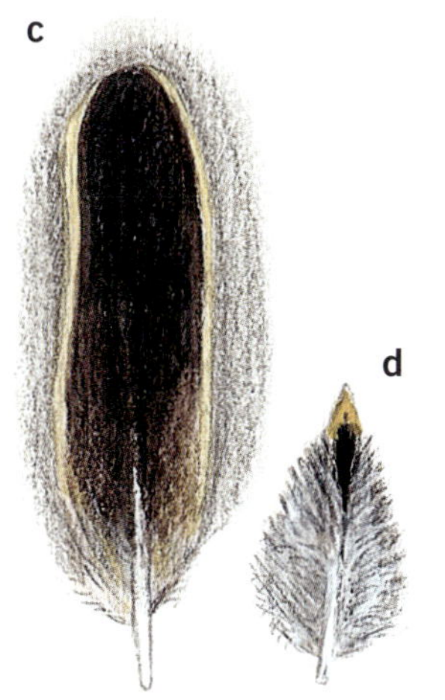

a und **b** Hand
c Steuer
d Brust So.

Trauerschnäpper **Ficedula hypoleuca**

ca. 13 cm

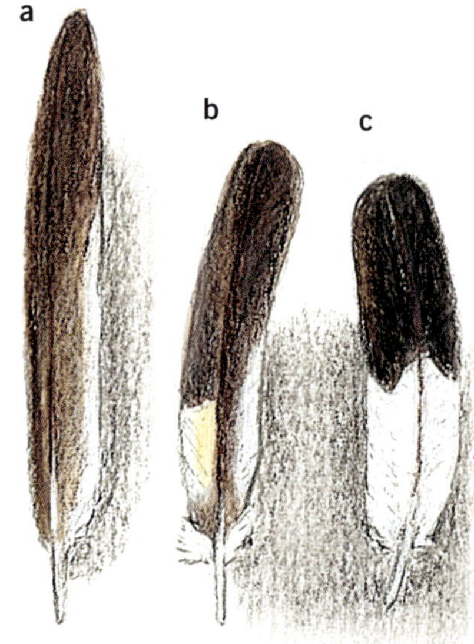

Zugvogel, der in Baumhöhlen brütet und Nistkästen annimmt. Eine Jahresbrut Mai–Juni, 5–6 Eier. Brutdauer 14–15 Tage, Nestlingszeit 14–16 Tage. Nahrung: Insekten aller Art.

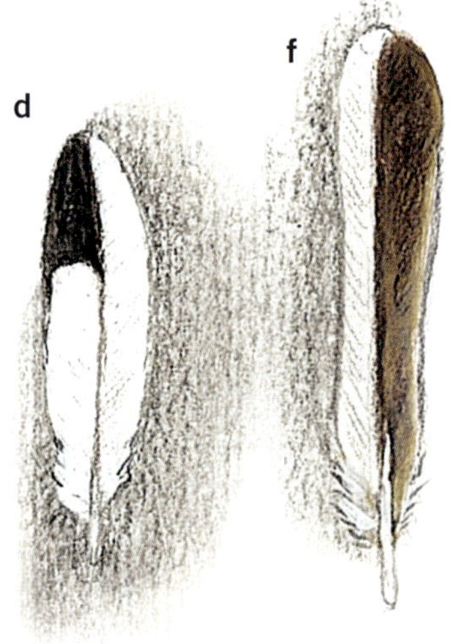

a Hand
b Arm
c und **d** Flügeldecke (Armschwinge)
f Steuer

Gartenrotschwanz **Phoenicurus phoenicurus**

ca. 14 cm

Zugvogel, der in Höhlen aller Art brütet. Zwei Jahresbruten Mai–Juli, 5–7 Eier. Brutdauer 13–14 Tage, Nestlingszeit 12–15 Tage. Selten Kuckuckswirt. Gebietsweise bestandsgefährdet. Insektennahrung.

a Hand
b Arm
c und **d** Steuer
e Bürzel
f Brust

Hausrotschwanz **Phoenicurus ochruros**

ca. 14 cm

Teilzieher, der in Halbhöhlen, Mauerlöchern u. Ä. brütet. Zwei Jahresbruten April–Juli, 5–6 Eier. Brutdauer 14 Tage, Nestlingszeit 13–16 Tage. Selten Kuckuckswirt. Insektennahrung.

a und **b** Hand
c Arm
d und **e** Steuer
f Unterschwanzdecke
g Bürzel

Mauersegler **Apus apus**

ca. 17 cm

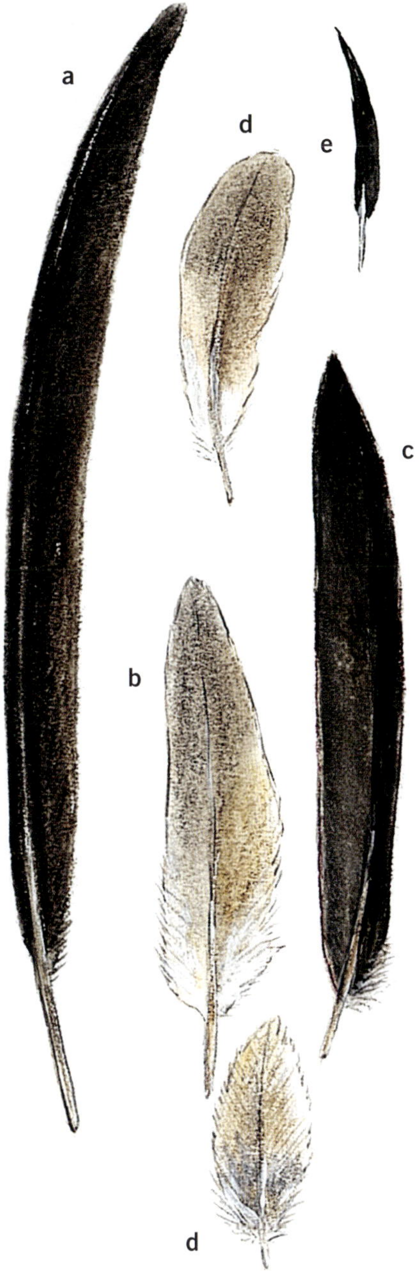

Zugvogel, der in Mauerhöhlungen an Gebäuden, in Baumhöhlen und speziellen Nistkästen brütet. Eine Jahresbrut Mai–Juni, mitunter Nachgelege, 2–3 Eier. Brutdauer um die 20 Tage, Nestlingszeit bis 50 (54) Tage. Insektennahrung.

a Hand
b Arm
c Steuer
d Unterflügeldecke
e Alula

Rauchschwalbe **Hirundo rustica**

ca. 18 cm

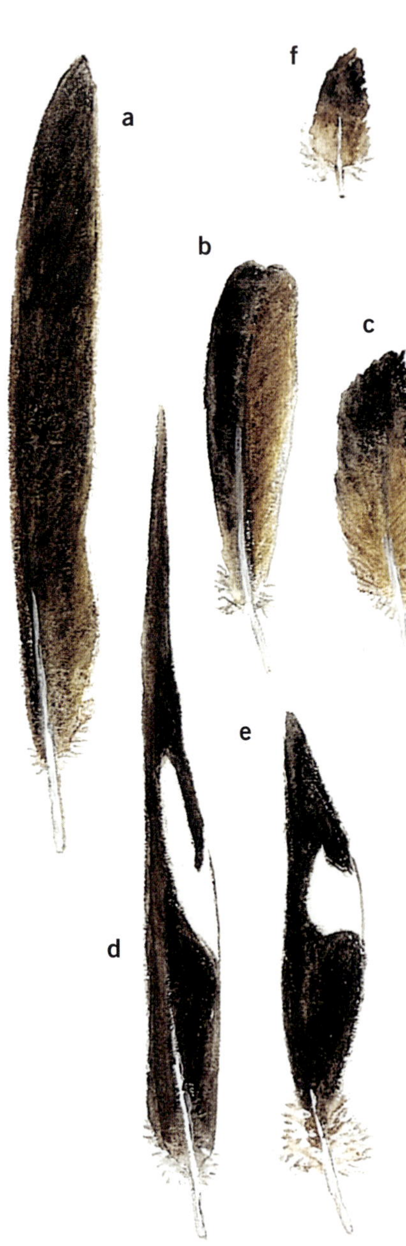

Zugvogel, der in Viehställen, Schuppen und Wohnungen brütet. Zwei Jahresbruten Mai–Juli, 4–6 Eier. Brutdauer 14–17 (18) Tage, Nestlingszeit etwa 18–20 Tage. Mit Rückgang der Landwirtschaft bestandsgefährdet. Insektennahrung.

a Hand
b Arm
c Schirmfeder
d und **e** Steuer
f Flügeldecken

Mehlschwalbe **Delichon urbica**

ca. 13 cm

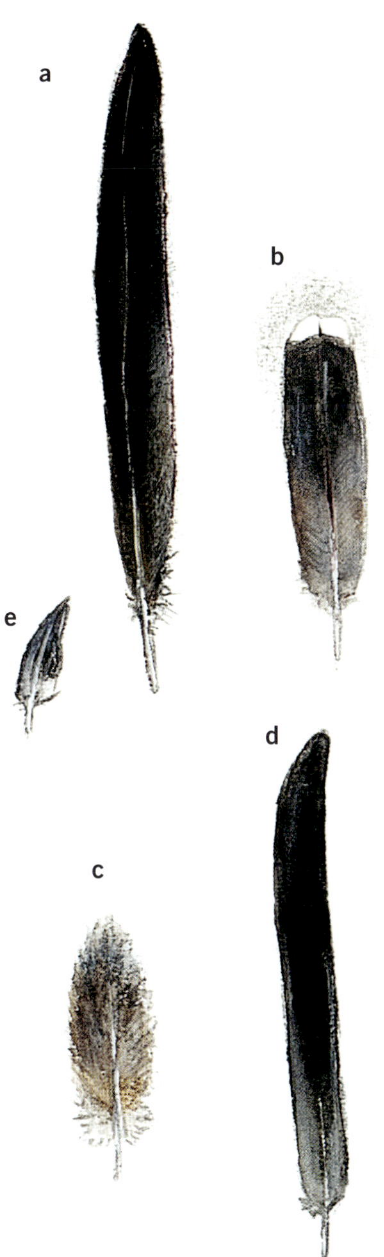

Zugvogel, der Lehmnester unter Dächern an Hauswänden baut, im südlichen Europa auch an Felswänden. Zwei Jahresbruten Mai–August, 4–5 Eier. Brutdauer etwa 15 Tage, Nestlingszeit um die 20 Tage. In manchen Gegenden bestandsgefährdet durch fehlendes Baumaterial. Insektennahrung.

a Hand
b Arm
c Schirmfeder
d Steuer
e Alula

Küsten, Dünen, Heiden

Graugans **Anser anser**

ca. 70–82 cm

Brutvogel der Niederungen, Flussmündungen, Küstenregionen. Außerhalb der Brutzeit sehr gesellig in großen Flügen. Lebenslange Partnerschaft. Überwinterung in Südeuropa. Eine Jahresbrut März-Mai, 4–10 Eier. Brutdauer um die 30 Tage, Nestlinge sind Nestflüchter. Ab 10 Wochen flugfähig. Pflanzliche Nahrung.

a Schirmfeder 25 cm
b Flügeldeckfeder
c Brustfeder

35

Küstenseeschwalbe Sterna paradisaea

ca. 38 cm

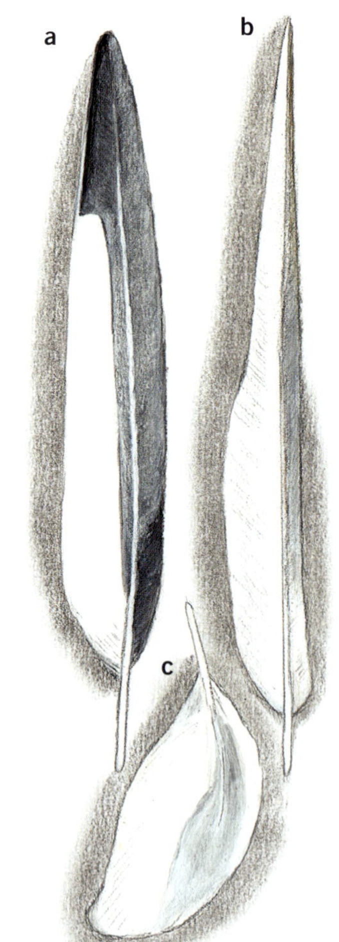

Lebt an der Meeresküste auf Sanddünen, wo sie in der Bodenvegetation brütet. Eine Jahresbrut April–Mai, 2–3 Eier. Brutdauer ca. 21–22 Tage. Die Jungen sind mit etwa 28 Tagen flugfähig. Im Binnenland selten zu sehen. Langstreckenzieher, der bis an die südafrikanischen Küsten und in antarktische Gebiete wandert. Nahrung: Fische und Fischbrut.

a Hand 16 cm
b Steuer 18 cm
c Armfeder

Silbermöwe **Larus argentatus**

ca. 56 cm

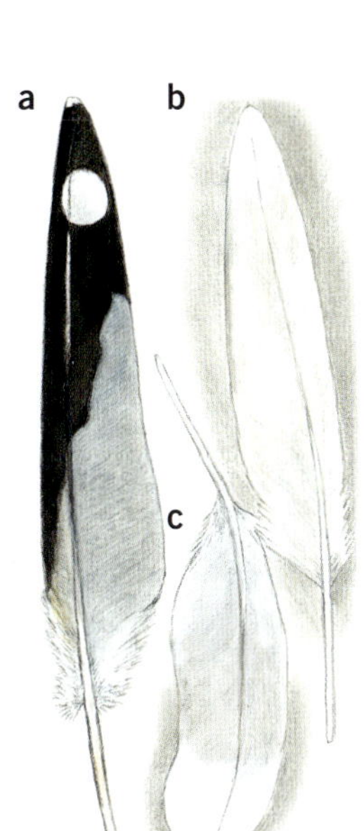

Brütet kolonienweise an der Küste auf Dünen zwischen Graswuchs und auf Felsklippen und Sumpfland. Eine Jahresbrut Mai–Juni, 2–3 Eier. Brutdauer bis 28 Tage. Die Jungen werden 40–48 Tage im oder am Nest gefüttert. Verzehrt wird alles Fressbare: Fische, Eier, Jungvögel, Fleischabfälle.

a Hand ca. 32 cm
b Hand ca. 20 cm
c Steuer ca. 16 cm

Sturmmöwe **Larus canus**

ca. 40 cm

Häufiger als die Silbermöwe im Binnenland an Seen und an Flüssen. Koloniebrüter auf Inseln mit dichter Bodenvegetation. Eine Jahresbrut Mai–Juni, 3–4 Eier. Brutdauer bis 24 (25) Tage. Die Jungen werden bis zu 33 Tagen im oder am Nest gefüttert. Im Winter umherstreifend. Nahrung: überwiegend Fleischkost, Muscheln, Fische, Eier.

a Hand, ca. 1/2 d. nat. Größe
b Steuer, ca. 2/3 d. nat. Größe jg. ad. = weiß
c Arm, ca. 1/2 d. nat. Größe der Hand
d Hand

Mantelmöwe Larus marinus

ca. 74–75 cm

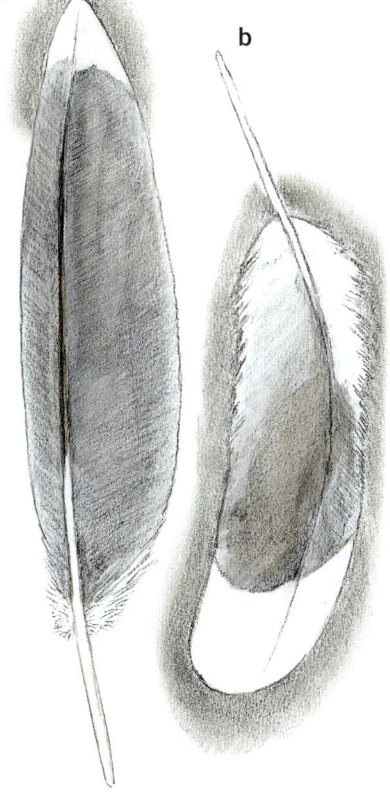

Größe Möwe, die an Küsten und Flussniederungen brütet, auch auf Inseln in Binnenseen. Im Winter südwärts umherstreifend. Eine Jahresbrut Mai–Juni, 3–4 Eier. Brutdauer 25–28 Tage. Die Jungen sind nach etwa 31 Tagen flügge. Nahrung: Fleischkost jeder Art, Muscheln, Fische.

a und **b** Hand. Steuer weiß bei ad. Vogel.

Lachmöwe **Larus ridibundus**

ca. 38 cm

Stand-Stichvogel. Im Binnenland häufigste Möwe an Flüssen, Seen, Teichen. Eine Jahresbrut April–Juni, 2–4 Eier. Koloniebrüter in dichter Vegetation auf Strandwiesen, Kiesbänken und kleinen Teichinseln. Brutdauer etwa 23–24 Tage. Die Jungen sind mit ca. 28 Tagen flugfähig. Nahrung: überwiegend tierisch, Krebstiere, Fische, Würmer, Insekten, allerlei Abfälle.

a Hand. etwa nat. Größe
b Steuer ad. Immat.= schwarze Endbinde
c Hand
d Arm
e Flügeldecke

Pfuhlschnepfe **Limosa lapponica**

ca. 38 cm

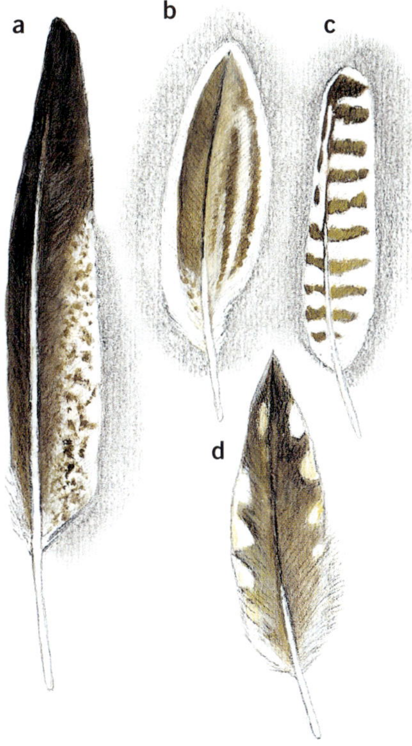

Vogel der Meeresküsten. Brütet in Sümpfen und Mooren. Im mittleren Europa im Winterhalbjahr häufiger Durchzügler, der bisweilen in großen Flügen erscheint. Im Landesinneren vereinzelt. Insektenverzehrer. Nest ist eine flache Mulde im Boden. Eine Jahresbrut April–Mai, 4 Eier. Brutdauer etwa 20–22 Tage (24). Mit etwa 30 Tagen sind die Jungen selbstständig. Insektenverzehrer.

a Hand
b Arm.
c Steuer
d Schulter / Rücken

Mittel- und Hochgebirge

Rothuhn **Alectoris rufa**

ca. 34 cm

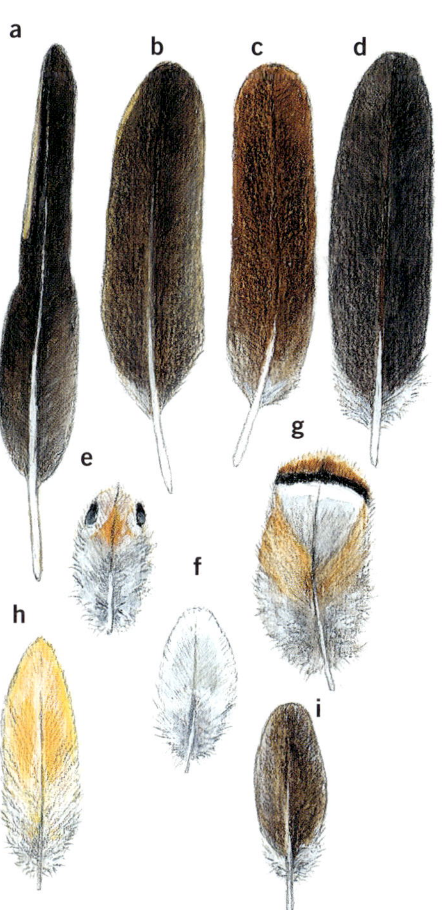

Bevorzugt trockene Gebiete im südlichen Europa. Gelege verborgen in dichter Bodenvegetation, seltener in sumpfigem Gelände. Eine Jahresbrut April–Juni, 10–12 Eier. Brutdauer ca. 26 Tage. Die Jungen verlassen sofort das Nest. Nahrung: Insekten, weiche Pflanzenteile, Würmer, Larven.

a Hand
b Arm
c und **d** Steuer
e und **f** Brust
g Flanke
h Unterschwanzdecke
i Flügeldecke

43

Raufußkauz **Aegolius funereus**

ca. 25 cm

Brutvogel in Nadel- und alten Mischwäldern. Höhlenbrüter in Spechthöhlen, nimmt Nistkästen an. Eine Jahresbrut März–April, 4–6 Eier. Brutdauer ca. 28 Tage, Nestlingszeit 32–36 Tage. Nahrung: Kleinsäuger und kleine Vögel.

a

b

c

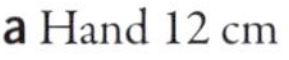

a Hand 12 cm
b Steuer 9 cm
c Seitenfeder

Tannenhäher **Nucifraga caryocatactes**

ca. 33 cm

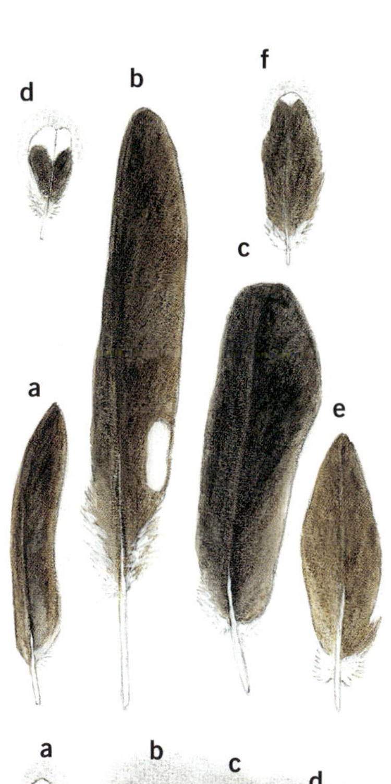

Vogel ausgedehnter Nadelwaldungen. Überwiegend Gebirgsbewohner. Nest gut verborgen auf dichten Nadelbäumen. Eine Jahresbrut März–April, 3–4 Eier. Brutdauer etwa 18 Tage, Nestlingszeit um die 20 Tage. „Pflanzt" nach Häherart Bäumchen durch Verstecken der Zapfen von Zirbel, Fichte, Kiefer. Nahrung: Koniferensamen, Nüsse, Bucheckern, Insekten.

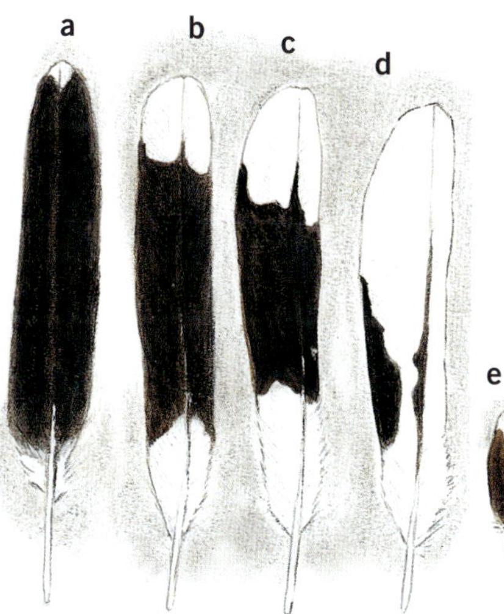

oben:
a und **b** Hand
c Arm
d Unterflügeldecke.
e Schirm=Feder
f Flügeldecke

unten:
a–d Steuerfedern
e Alula

Kiefernkreuzschnabel **Loxia pytyopsittacus**

ca. 17 cm

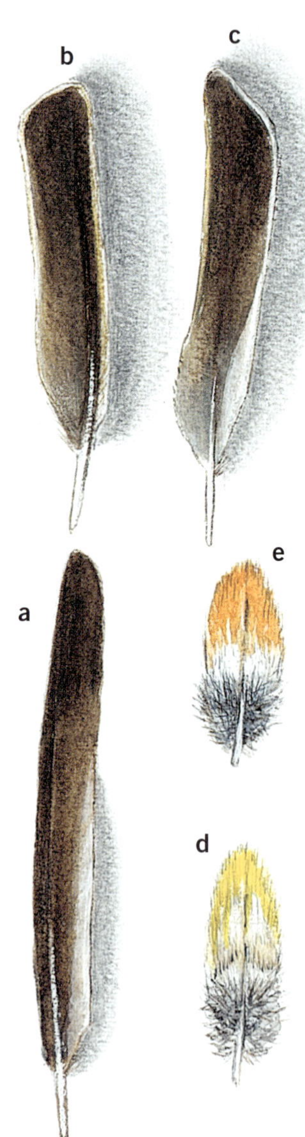

Überwiegend Brutvogel Skandinaviens in Nadelwäldern. Im Winter in Mitteleuropa umher streifend. Brütet oft schon im Januar, meistens aber im zeitigen Frühjahr. Bruten sind über das ganze Jahr verteilt, 3–4 Eier. Brutdauer etwa 14 Tage, Nestlingszeit 14 Tage. Nahrung: Nadelholzsamen und andere Sämereien.

a Hand
b Arm
c Steuer
d Bürzel
e Bürzel

Fichtenkreuzschnabel **Loxia curvirostra**

ca. 16,5 cm

Hauptsächlich in Fichtenwaldungen brütend zu jeder Jahreszeit, mitunter im schneereichen Winter, da dann größtes Nahrungsangebot durch Baumsamen. 3–4 Eier. Brutdauer etwa 13 Tage, Nestlingszeit 13–14 Tage. Im Winter umherstreifend. Nahrung: Samen der Nadelbäume.

a Hand
b Arm
c Steuer
d Bürzel
e Bürzel
f Flanke

Sperlingskauz **Glaucidium passerinum**

ca. 16,5 cm

Brutvogel in stillen, ausgedehnten Altwäldern, meistens Nadelwälder. Eigenartig der „Herbstgesang“ zur Zeit der Hirschbrunft. Eine Jahresbrut in Spechthöhlen April–Mai, 4 oder mehr Eier. Brutdauer ca. 28 Tage, Nestlingszeit etwa 30 Tage. Nahrung: Kleinsäuger, Mäuse, Vögel, Großinsekten.

a Hand
b Steuer
c Rückenfeder

Waldbaumläufer **Certhia familiaris**

ca. 13 cm

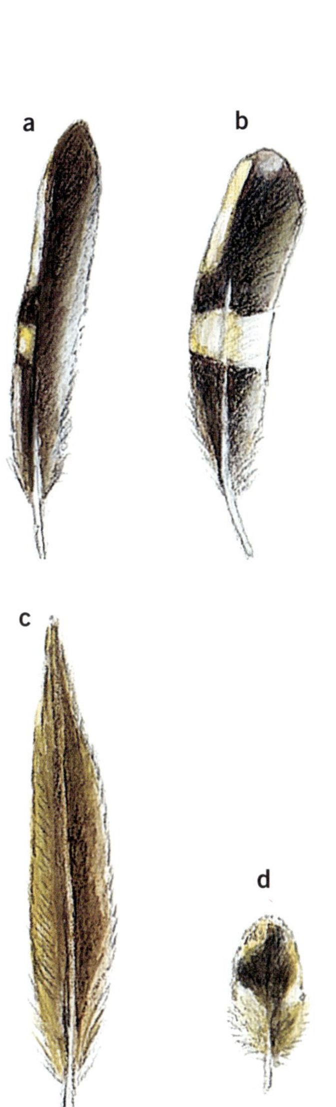

Brutvogel in Wäldern aller Formen. Nest hinter abstehenden Baumrinden, in Baumspalten und Nistkästen. Bevorzugt Mittel- und Hochgebirgswälder. Zwei Jahresbruten April–Juli, 5–6 Eier. Brutdauer ca. 15 Tage, Nestlingszeit etwa 15–16 Tage. Insektennahrung.

a Hand
b Arm
c Steuer
d Flügeldeckfeder

49

Uhu **Bubo bubo**

ca. 65–72 cm

Größte europäische Eule. Bevorzugt in Steinklippen, in ausgedehnten Waldungen brütend, auch auf Greifvogelnestern oder unter Gebüsch auf dem Boden. Eine Jahresbrut im April, 2–3 (4) Eier. Brutdauer etwa 37 Tage, Nestlinge ca. 30 Tage. Nahrung: Säugetiere bis Hasengröße, Igel, Enten, Krähen und auch kleinere Eulen.

a Hand 32 cm
b Steuer 26 cm

Haselhuhn **Bonasa bonasia**

ca. 36 cm

Heimliches Raufußhuhn in Mittel- und Hochgebirgswäldern, vor allem Mischwälder mit reichlich Knospennahrung. Brut bodennah unter Farnen und Reisig und kleinen Sträuchern. Eine Jahresbrut April–Juni, 8–10 (11) Eier. Brutdauer um die 25 Tage. Die Jungen verlassen das Nest.

a, b und **d** Steuerfedern
c Hand
e Unterschwanzfeder

Auerhuhn **Tetrao urogallus**

ca. 86 cm Männchen, ca. 61 cm Weibchen

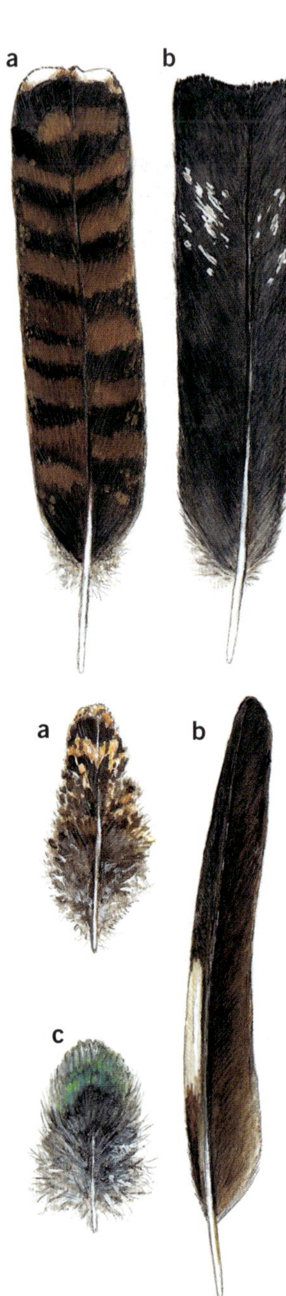

Größtes europäisches Waldhuhn. Als Lebensraum werden stille, zusammenhängende Nadelwälder bevorzugt. Frühjahrs- und Herbstbalz bodennah. Nest in dichtem Kraut oder an Baumstamm zwischen Wurzeln. Eine Jahresbrut April–Juni, 6 oder auch mehr Eier. Brutdauer etwa 28 Tage. Die Jungen verlassen das Nest sofort. Nahrung: Koniferennadeln, Knospen, zartes Blattgrün, Insekten.

a Steuer, weibl., etwa nat. Größe
b Steuer, männl. ca. 2/3 d. nat. Größe

a Bauchfeder weibl.
b Hand
c Brustfeder männl. (Schild)

Steinadler **Aquila chrysaetos**

ca. 89 cm

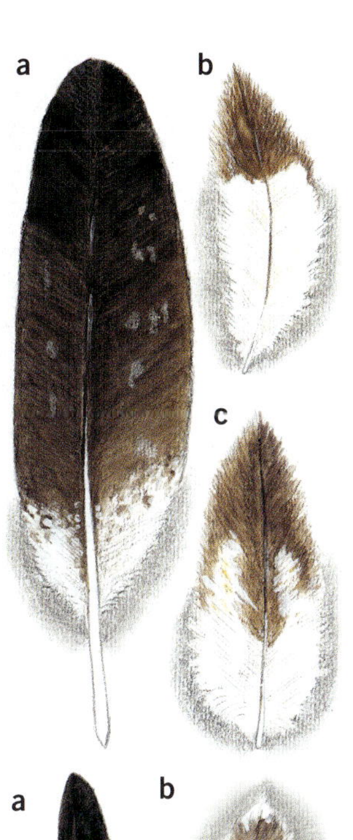

Wegen des goldschimmernden Kopfgefieders beim Altadler auch „Goldadler“ genannt. Baut in Felswänden, selten in Bäume, gewaltige Horste. In der Regel mehrere Horste in großem Revier. Eine Jahresbrut März–Mai, 2–3 Eier. Oft gedeiht nur ein Jungvogel. Brutdauer bis 44 Tage, Nestlingszeit bis 80 Tage. Nahrung: Jagt Schneehühner, Hasen, Murmeltiere, nimmt im Winter Fallwild auf.

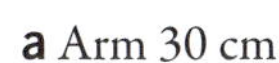

a Arm 30 cm
b Brust nat. Gr.
c Hose. nat. Größe

a Hand 50 cm
b Unterflügelfeder 17 cm
c Flügeldeckfeder 17 cm

53

Auwälder, Teiche, Binnenseen, Fließgewässer

Schwarzmilan **Milvus migrans**

ca. 56 cm

Gesellig mit Artgenossen umherstreichend. Zugvogel, der bevorzugt in Wassernähe auf hohen Bäumen brütet, oft auf alten Krähennestern oder Greifvogelhorsten. Eine Jahresbrut April–Mai, 2–4 Eier. Brutdauer bis 30 Tage, Nestlingszeit bis 45 Tage. Nahrung: Kleinsäuger, Fische, Vögel, Aas, Insekten. Gesellig auch auf Müllkippen mit anderen Aasfressern.

a Hand 38 cm
b Steuer 28 cm

Stockente **Anas platyrhynchos**

ca. 58 cm

Häufigste Wildente. Brütet in oder unter dichtem Pflanzenwuchs am Wasser, aber auch weit entfernt von diesem. Oft in Korbweiden und auf alten Großvogelnestern. Eine Jahresbrut Mai—Juni, 11 und mehr Eier. Brutdauer etwa 22–23 Tage. Die Jungen sind Nestflüchter, die sofort das Wasser aufsuchen und weiche Nahrung aufnehmen. Nahrung: Pflanzen, Samen, kleine Insekten, Würmer, Larven, Kaulquappen, Weichtiere.

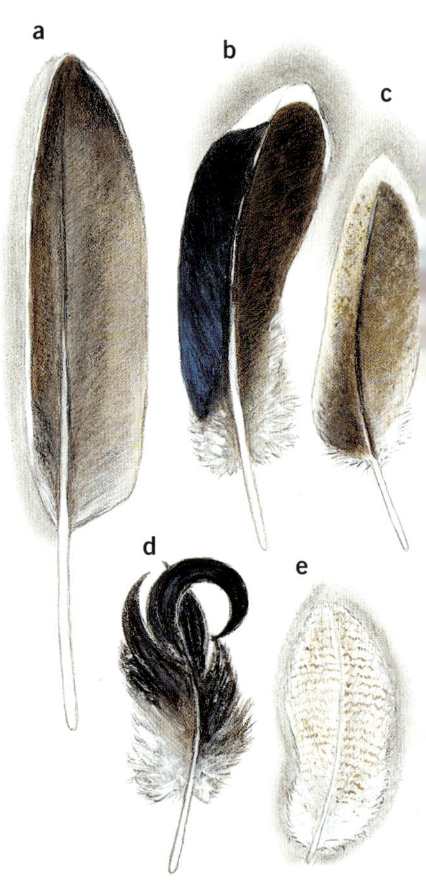

a Hand
b Spiegelfeder
c Arm
d Steuerhakenfeder ♂
e Seitenfeder

Verschiedene Spiegelfedern

a Alula
b und **c** Armdecken
d Seitenfeder
e Bürzel
f Brustfeder

a Brandgans *Tadorna tadorna*
b Pfeifente *Anas americana*
c Knäkente *Anas querquedula*
d Krickente *Anas crecca*

57

Graureiher **Ardea cinerea**

ca. 91 cm

Geselliger Koloniebrüter auf Bäumen oder im Schilf, oft in Wassernähe. Eine Jahresbrut März–Mai, 4–5 Eier. Brutdauer bis 28 Tage, Nestlingszeit bis 30 Tage. Nahrung: Fische, Mäuse, Amphibien, Insekten.

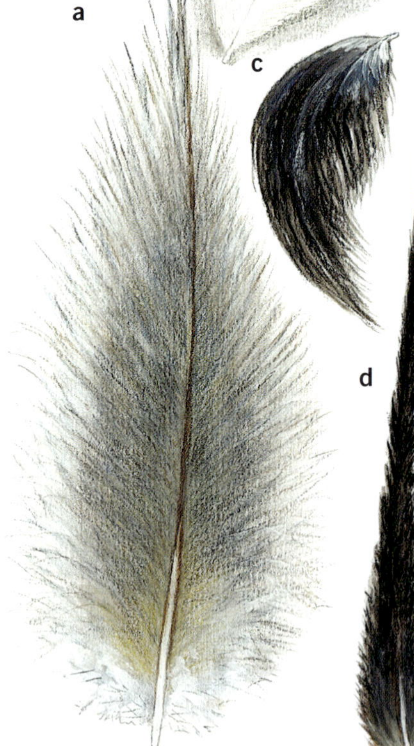

a Rückenfeder
b Halsfeder
c Oberflügelfeder
d Schopffeder

Weidenmeise **Parus montanus**

ca. 11,5 cm

a

b

Der Sumpfmeise ähnlich, aber bevorzugt in morschen oder hohlen Wurzelstöcken brütend, auch in Erdhöhlen, aber meistens in Feuchtgebieten. Eine Jahresbrut April—Mai, bis 10 Eier. Brutdauer etwa 13 Tage, Nestlingszeit bis 19 Tage. Insektennahrung.

c

d

a Steuer
b Hand
c Alula
d Flügeldecke

59

Beutelmeise **Remiz pendulinus**

ca. 11 cm

In Sumpfgebieten und in Wassernähe kunstvolle Hängenester in Weiden und Pappeln bauend. Zwei Jahresbruten April–Juni, 5–8 Eier. Brutdauer etwa 14 Tage, Nestlingszeit ca. 15 Tage. In vielen Gegenden bestandsgefährdet. Nahrung: Insekten, Spinnen, Samen.

a Steuer
b Hand
c Arm
d Flügeldecke
e Schirm

Schafstelze **Motacilla flava**

ca. 16,5 cm

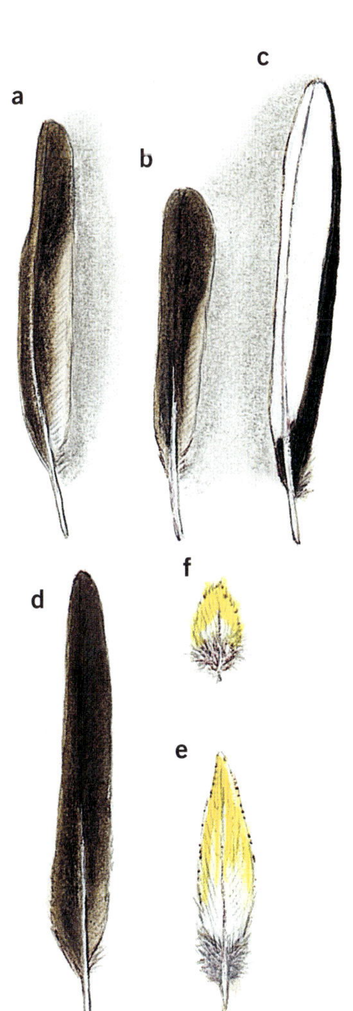

Bevorzugt in Wassernähe bodennah brütend. Nest unter Gras und in grasüberwucherten Bodensenken. Eine Jahresbrut Mai–Juni, bis 6 Eier. Brutdauer etwa 14 Tage, Nestlingszeit 12–14 Tage. Kuckuckswirt. Nahrung: vielerlei Insekten.

a Hand
b Arm
c und **d** Steuer
e Unterschwanzdecke
f Flanke

Gebirgsstelze **Motacilla cinerea**

ca. 18 cm

Brütet in Erdnischen, Mauerlöchern, auf Balken, unter Brücken und in Wurzelstöcken an schnell fließenden Gewässern. Zwei Jahresbruten April–Juli, 4–5 Eier. Brutdauer bis 14 Tage, Nestlingszeit ca 13 Tage. Nahrung: Insekten

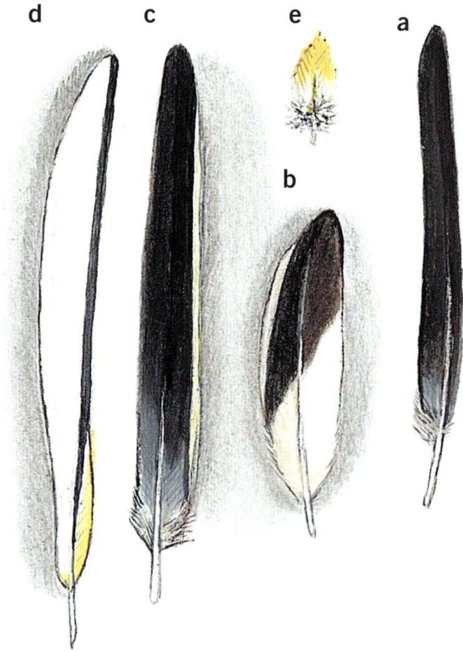

a Hand
b Arm
c und **d** Steuer
e Flanke

Braunkehlchen **Saxicola rubetra**

ca. 13 cm

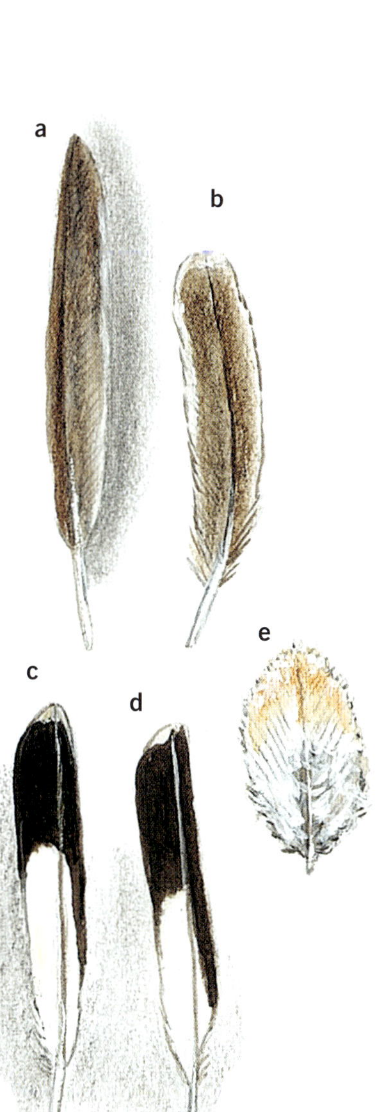

Zugvogel in Feuchtwiesen, Heiden und Mooren in dichter Vegetation brütend. Eine Jahresbrut Mai–Juni, 4–5 (7) Eier. Brutdauer ca. 14 Tage, Nestlingszeit etwa 12 Tage. Insektennahrung.

a Hand
b Arm
c und **d** Steuer
e Flanke

Eisvogel **Alcedo atthis**

ca. 16 cm

Brutvogel an klaren Bächen und Teichen mit reichlicher Fischbrut. Die Nisthöhle, 60–80 cm lang, wird in steile, lehmige Erdwände mit überhängendem Pflanzenwuchs gegraben. Zwei Jahresbruten April–Juli, 6–8 Eier. Brutzeit 19–21 Tage, Nestlingszeit bis 25 Tage. Lauert Fischchen vom Ansitz aus.

a und **b** Hand
c und **d** Steuer
e und **f** Kleingefieder Rücken
g Schulter
h Flanke

Blässhuhn **Fulica atra**

ca. 38 cm

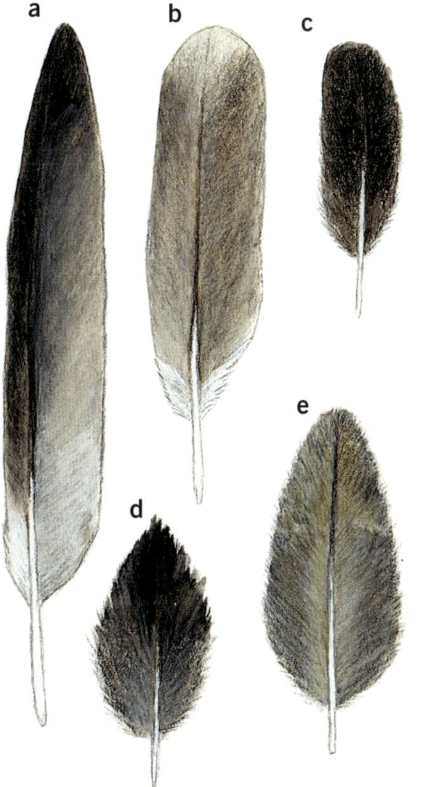

Kräftiger Wasservogel, der im Röhricht der Teiche und Seen brütet. Im Winter große Ansammlungen auf stillen Gewässern. Eine Jahresbrut April–Mai, 4–10 Eier. Brutdauer etwa 23 (24) Tage. Junge sind Nestflüchter, die sich nach dem Schlüpfen sofort in das Wasser begeben. Nahrung: Wassertierchen aller Art, weiche Pflanzenkost.

a Hand
b Arm
c Steuer
d und **e** Rücken

65

Teichrohrsänger **Acrocephalus scirpaceus**

ca. 13 cm

Zugvogel. Reger Sänger im Röhricht der Teiche und Seen. Brütet im Schilf in kunstvoll geflochtenen Pfahlbaunestern zwischen Rohrhalmen. Häufiger Kuckuckswirt. Eine Jahresbrut Mai–Juni, 4–5 Eier. Brutdauer etwa 12 Tage, Nestlingszeit 12–13 Tage. Insektennahrung, im Herbst auch weiche Beeren.

a Hand
b Arm
c Steuer
d Bauch

a Hand
b Arm
c Steuer
d Bürzel

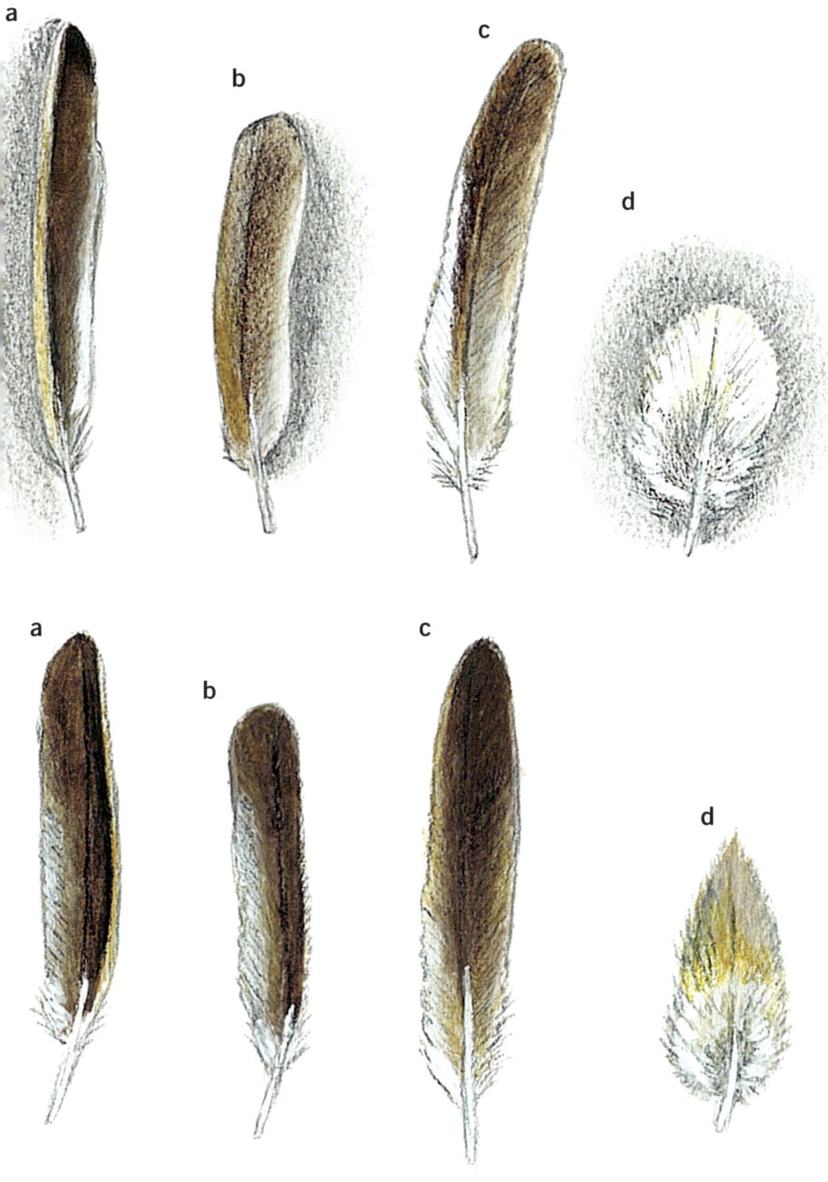

67

Fischadler **Pandion haliaetus**

ca. 51–58 cm

Horst gewaltig auf hohen Bäumen in der Nähe von Teichen und Seen. Geschickter Fischjäger, oft rüttelnd über dem Wasser. Zugvogel. Eine Jahresbrut März—Juni, 2–4 Eier. Brutdauer ca. 38 Tage, Nestlingszeit 50–55 Tage.

a Steuer 25 cm
b Hand 21 cm

Teichhuhn **Gallinula chloropus**

ca. 33 cm

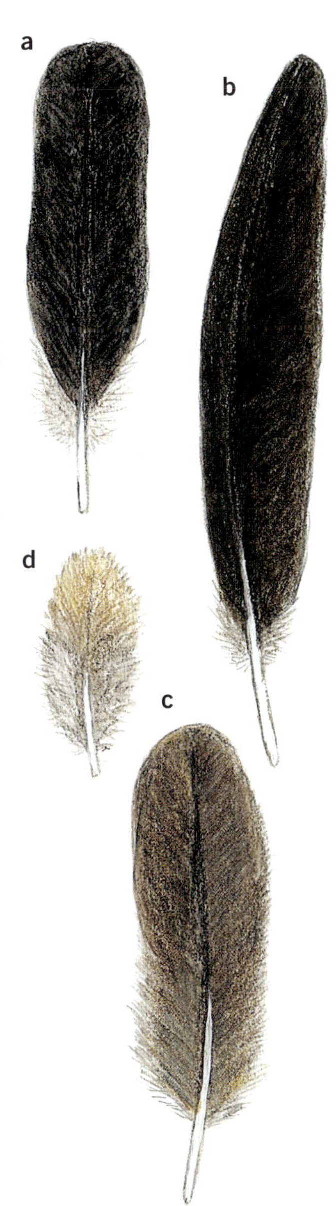

Teichralle. Baut in dichter Vegetation, so in Schilfinseln, Nest aus allerlei Kraut. Zwei Jahresbruten April–Juni, 5–12 Eier. Brutdauer ca. 21 Tage. Junge sind Nestflüchter, die sofort schwimmen, doch im Rückengefieder der Altvögel immer wieder Wärme suchen. Nahrung: Wasserinsekten, tote Fischchen, Schnecken, weiche Sämereien.

a Steuer
b Hand
c Arm
d Rückenfeder, Hand 10 mit feinem weißen Streifen an Außenfahne

69

Bartmeise **Panurus biarmicus**

ca. 16,5 cm

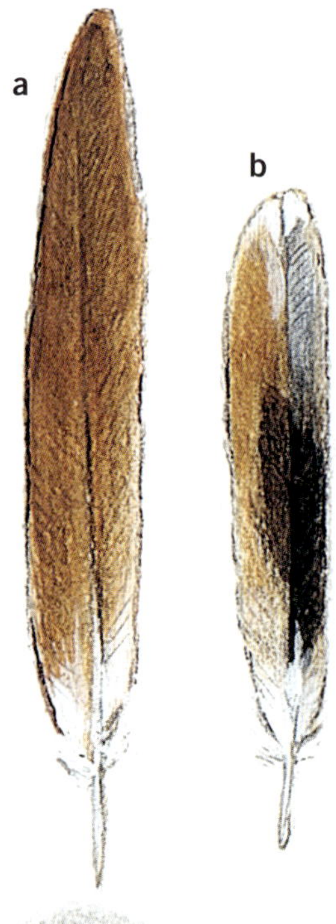

Vogel ausgedehnter Rohrwälder. Nest versteckt in dichter Vegetation, oft wassernah. Eine Jahresbrut Mai–Juni, 5–8 Eier. Brutdauer ca. 15 Tage, Nestlingszeit etwa 24 Tage. Nahrung: Insekten, Larven.

c
d

a Steuer
b Hand
c Arm
d Flügeldecke

Kormoran **Phalacrocorax carbo**

ca. 92 cm

Von Fischern gefürchteter Fischverzehrer an allen fischreichen Gewässern. Im Winter oft große Ansammlungen an offenen Gewässern. Eine Jahresbrut April–Juni, 3–5 Eier. Brütet in großen Kolonien, wo der ätzende Schmelz die Vegetation zerstört. Brutdauer ca. 30 Tage, Nestlingszeit etwa 8 Wochen.

a Steuer
b Hand, etwa nat. Größe

Uferschwalbe **Riparia riparia**

ca. 12 cm

Die kleinste europäische Schwalbe brütet in Lehm-Sandwänden in Wassernähe in Kolonien. Zugvogel. Bevorzugt offenes Gelände, die Brutröhren werden tief in die Erdwand gegraben. Zwei Jahresbruten Mai–Juni, 5–6 Eier. Brutdauer um die 15 Tage, Nestlingszeit 15–22 Tage. Nahrung: Insekten, die im Fluge erbeutet werden.

a Hand
b Arm
c Schirmfeder
d Steuer
e Alula

Rotschenkel **Tringa totanus**

ca. 28 cm

Sommervogel in Sümpfen und Mooren, wo er zwischen Gras und Kraut brütet. Zugvogel. Von den nordischen Brutplätzen bis in den Mittelmeerraum ziehend. Eine Jahresbrut April–Mai, 4 Eier. Brutdauer etwa 25–29 Tage. Die Jungen sind Nestflüchter und mit 30 Tagen flügge. Nahrung: Insekten, Würmer, Spinnentiere, Fischbrut.

a bis **c** Hand
d und **e** Steuer
f Arm

Bekassine **Gallinago gallinago**

ca. 27 cm

Zugvogel. Nistet in Gras, Binsen, Heidekraut. Nest gut verborgen. Eine Jahresbrut April–Juni, 4–5 Eier. Brutdauer etwa 20–21 Tage. Die Jungen sind Nestflüchter, die aber Wärme liebend bei nasser Witterung den Schutz der Altvögel aufsuchen. Nahrung: Insekten, Würmer, Schnecken, die in der Regel mit dem Stocherschnabel aus dem feuchten Boden geholt werden.

a Hand
b Arm
c Steuer
d Rücken

Sumpfrohrsänger **Acrocephalus palustris**

ca. 13 cm

a

b

Zugvogel, der in dichter Buschvegetation an Wassergräben, in grasdurchwachsenen Hecken und in Brennnesseln sein Nest versteckt. Eine Jahresbrut Mai–Juni, 4–5 Eier. Brutdauer ca. 12 Tage. Nestlingszeit ca. 12 Tag. Insektennahrung.

c

d

a Hand
b Arm
c Steuer
d Flügeldeckfeder

Flussregenpfeifer **Charadrius dubius**

ca. 15,5 cm

Zugvogel. Bevorzugt Kiesbänke und Kiesgruben als Brutplatz. Im Winter häufig an der Küste unterwegs. Zwei Jahresbruten April–Juni, 4 Eier. Brutdauer etwa 25–26 Tage. Junge sind Nestflüchter. Nahrung: Weichtierchen aller Art, Würmer.

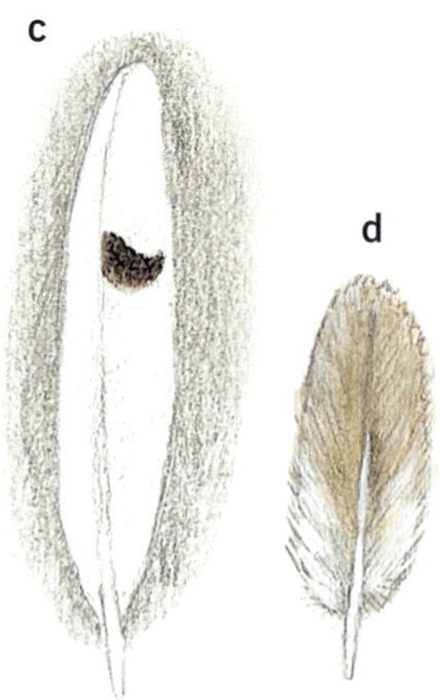

a Hand
b Schirmfeder
c Steuer
d Rücken

Wasseramsel **Cinclus cinclus**

ca. 18 cm

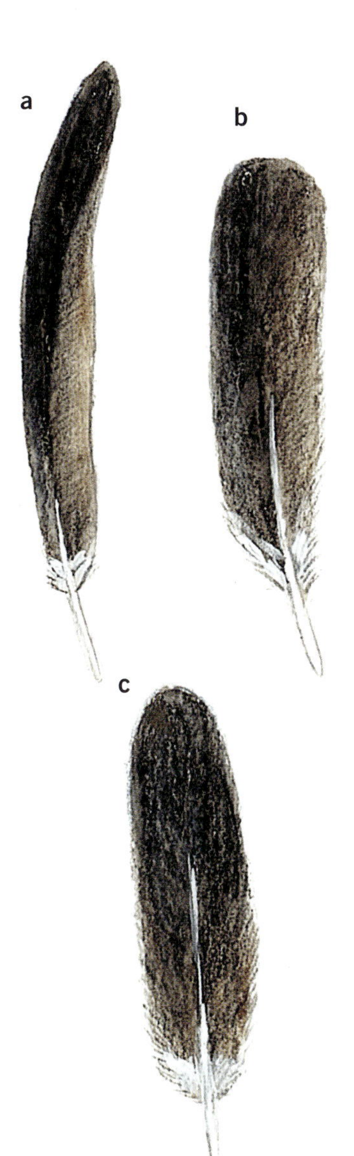

Vogel an schnell fließenden Gewässern, wo er auf dem Grund Wasserinsekten, Köcherfliegenlarven und anderes Gewürm aufliest. Nest oft versteckt hinter Wasserfällen, in Brückenmauern oder in verwilderten Böschungen. Zwei Jahresbruten Februar–März, 4–6 Eier. Brutdauer bis 18 Tage, Nestlingszeit etwa 25 Tage.

a Hand
b Arm
c Steuer

Tüpfelsumpfhuhn **Porzana porzana**

ca. 23 cm

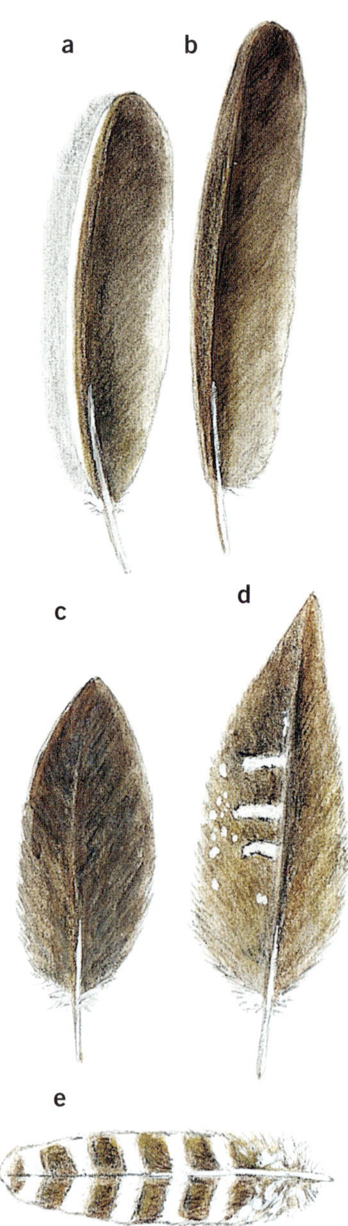

Lebt heimlich in Sümpfen und Mooren, auch an Bachufern und an Tümpeln. Nest verborgen unter Gras und Kraut. Zwei Jahresbruten Mai–Juli, bis 10 Eier. Brutdauer um die 20 Tage. Die Jungen verlassen das Nest, suchen es aber immer wieder auf. Sie sind mit etwa 40 Tagen flügge. Nahrung: Wassertierchen, Schnecken, weiche Pflanzenteile.

a und **b** Hand
c Arm
d Schirm
e Flanke

Flussuferläufer **Actitis hypoleucos**

ca. 20 cm

Zugvogel, der im Mittelmeerraum oder in Afrika überwintert. Brutvogel an vegetationsreichen Flüssen, Bächen und Teichen, auch auf Kiesbänken. Eine Jahresbrut Mai–Juni, 4–5 Eier. Brutdauer 21–23 Tage. Junge bleiben geschlossen im Familienverband und sind mit etwa 30 Tagen flügge. Nahrung: allerlei Insekten, Würmer, Mollusken.

a und **b** Hand
c Arm
d Steuer

79

Riede, Moore, Feuchtgebiete, Flussniederungen

Kornweihe Circus cyaneus

ca. 43–51 cm

♀

Bodenbrütender Greifvogel in offener Landschaft mit Mooren und Heiden, auch zwischen Dünen. Eine Jahresbrut Mai–Juni, 4–5 Eier. Brutdauer zwischen 30–32 Tagen, Nestlingszeit etwa 34 Tage. Nahrung: Kleinsäuger, Vogelbrut, Amphibien.

a Hand 28 cm
b Steuer 23 cm
c Brust
d Hose
e Nacken

81

Rohrweihe Circus aeruginosus

ca. 52 cm

Zugvogel, der im Mittelmeergebiet überwintert und in Feuchtgebieten mit reichlich Röhricht brütet. Gaukelflug bei der Jagd über der Vegetation. Eine Jahresbrut April–Juni, 3–7 Eier. Brutdauer etwa 35 Tage, Nestlingszeit ca. 25–30 Tage. Nahrung: Kleinsäuger, Vögel, Großinsekten.

a Hand 24 cm
b Steuer 24 cm ♀

Wiesenweihe **Circus pygargus**

ca. 41–46 cm

Zugvogel. Brutvogel in sumpfigem Gelände, auch in großflächiger Feldflur. Dort in dichter Vegetation brütend. Typischer Weihen-Gaukelflug bei der Jagd niedrig über dem Boden. Gesellig. Eine Jahresbrut Mai–Juni, 3–5 Eier. Brutdauer um die 30 Tage, Nestlingszeit etwa 30 Tage. Nahrung: Kleinsäuger, Vögel, Großinsekten.

a Hand 31 cm
b Steuer 25 cm
c Flanke (Hosen)

Sumpfohreule **Asio flammeus**

ca. 38 cm

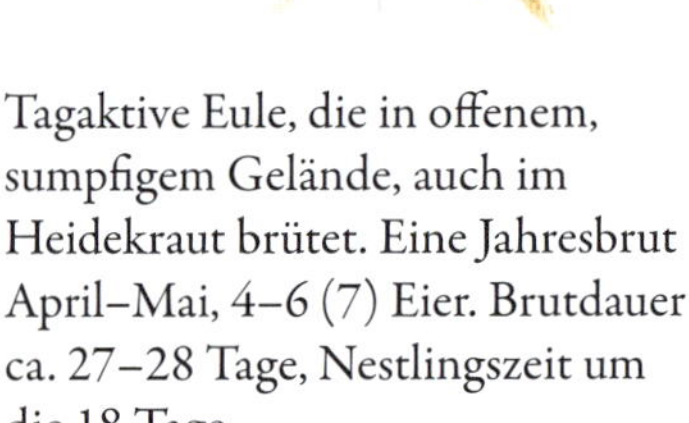

Tagaktive Eule, die in offenem, sumpfigem Gelände, auch im Heidekraut brütet. Eine Jahresbrut April–Mai, 4–6 (7) Eier. Brutdauer ca. 27–28 Tage, Nestlingszeit um die 18 Tage.
Nahrung: Kleinsäuger, hauptsächlich Mäuse. Zur Zugzeit im Herbst oft kleine Trupps in Rübenfeldern ruhend.

a Hand 23 cm
b Nacken bzw. Rücken
c Arm

Große Rohrdommel **Botaurus stellaris**

ca. 76 cm

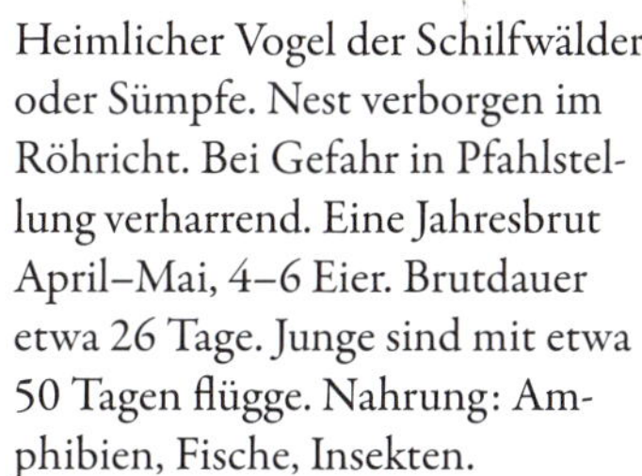

Heimlicher Vogel der Schilfwälder oder Sümpfe. Nest verborgen im Röhricht. Bei Gefahr in Pfahlstellung verharrend. Eine Jahresbrut April–Mai, 4–6 Eier. Brutdauer etwa 26 Tage. Junge sind mit etwa 50 Tagen flügge. Nahrung: Amphibien, Fische, Insekten.

Kleingefieder

85

Wachtelkönig **Crex crex**

ca. 27 cm

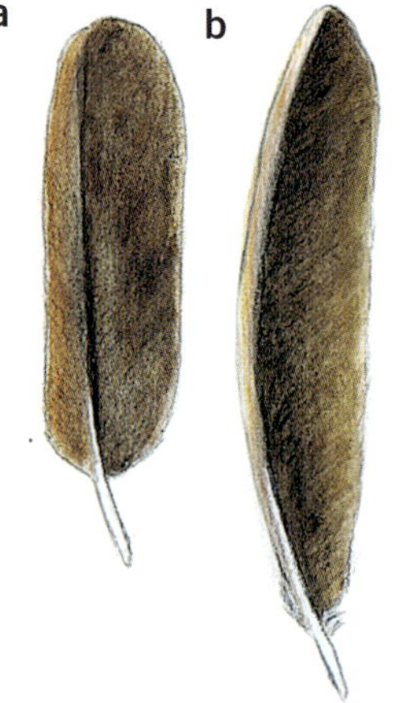

Zugvogel, der in Wiesen mit wilder Vegetation brütet, gerne in Wassernähe. Lebt nicht gesellig und sehr versteckt, oft nur durch die knarrende Stimme zu entdecken. Eine Jahresbrut im Juni, auch Juli, 5–10 Eier. Brutdauer etwa 18 Tage. Junge sind mit 35 Tagen flugfähig. Nahrung: weiche Pflanzenteile, Insekten, Sämereien.

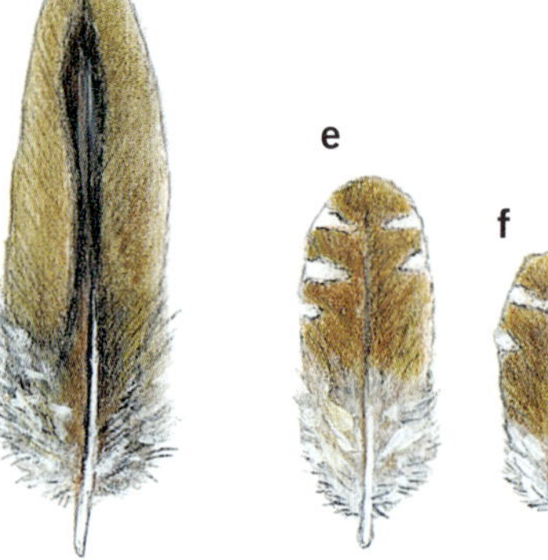

a Steuer
b Hand
c Arm
d Rücken
e und **f** Flanke, etwa nat. Größe

Birkhuhn **Tetrao tetrix**

ca. 86 cm (Männchen), 61 cm (Weibchen)

♂

Vogel offener Moore und Heiden mit eingestreuten Bäumen, auch Steinflächen im Gebirge, die übersichtliche Balzplätze und reichlich Knospennahrung bieten. Eine Jahresbrut Mai–Juni. Nestmulde wird in die Erde gescharrt. 5–10 Eier. Brutdauer ca. 26–27 Tage. Junge nach 4 Wochen selbstständig. Nahrung: Knospen, Beeren, Insekten.

a Steuer (Spielhahnfeder) 2/3 d. nat. Länge
b Steuer
c Bauch
d Spiegelfeder
e Flanke

87

Großer Brachvogel **Numenius arquata**

ca. 53–58 cm

Nistet auf Feuchtwiesen, in Mooren und auf Heiden. Während der Zugzeit oft große Ansammlungen. Eine Jahresbrut April–Mai, 3–4 Eier. Brutdauer etwa 30 Tage, die Jungen sind nach 30 Tagen selbstständig. Nahrung: Würmer, Insekten aller Art, Larven, zarte Triebe, weiche Beeren.

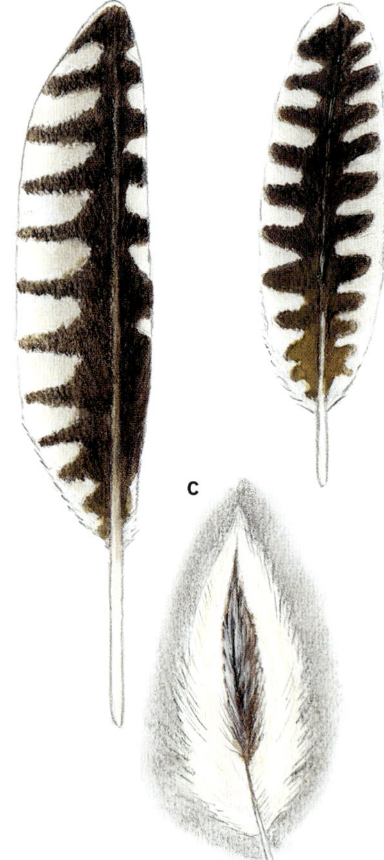

a Hand
b Steuer
c Brustfeder

Kiebitz **Vanellus vanellus**

ca. 30 cm

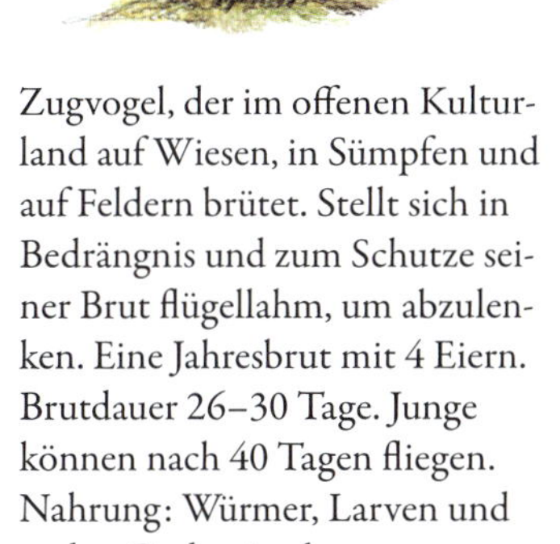

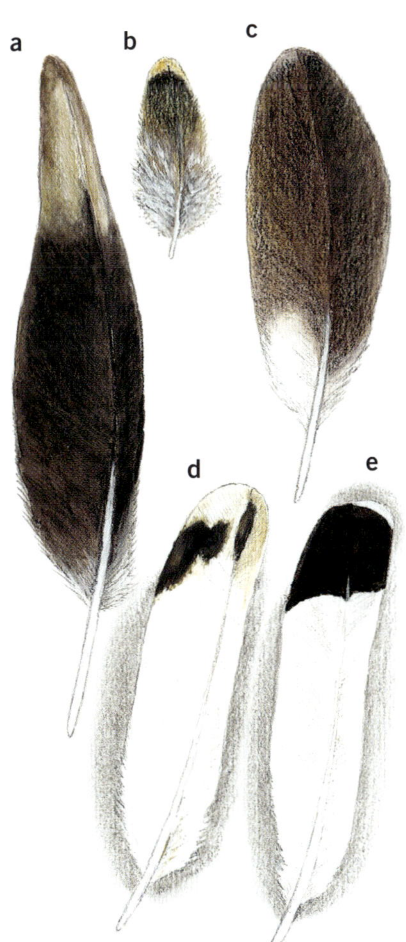

Zugvogel, der im offenen Kulturland auf Wiesen, in Sümpfen und auf Feldern brütet. Stellt sich in Bedrängnis und zum Schutze seiner Brut flügellahm, um abzulenken. Eine Jahresbrut mit 4 Eiern. Brutdauer 26–30 Tage. Junge können nach 40 Tagen fliegen. Nahrung: Würmer, Larven und andere Bodentierchen.

a Hand
b Rücken
c Arm
d und **e** Steuer

89

Obstwiesen, Stein- und Sandbrüche, Weinberge

Halsbandschnäpper **Ficedula albicollis**

ca. 13 cm

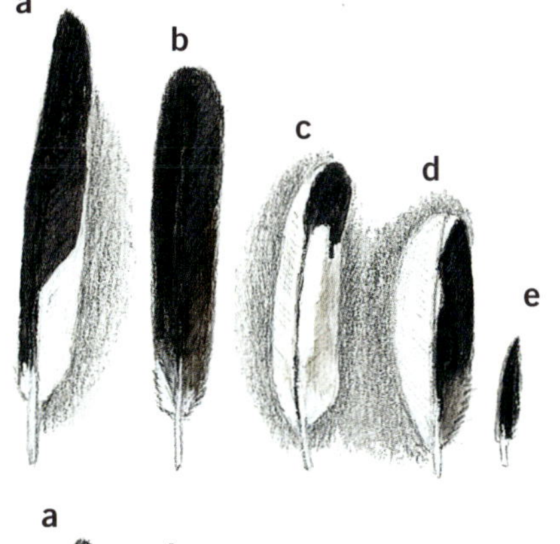

Zugvogel, der in Baumhöhlen oder Nistkästen brütet. Eine Jahresbrut Mitte Mai–Juni, 5–6 Eier. Brutdauer etwa 14 Tage, Nestlingszeit ca. 15 Tage. Insektennahrung.

a Hand
b Steuer
c und **d** Arm
e Alula

a Hand
b Hand
c Arm
d Steuer

91

Wacholderdrossel **Turdus pilaris**

ca. 25,5 cm

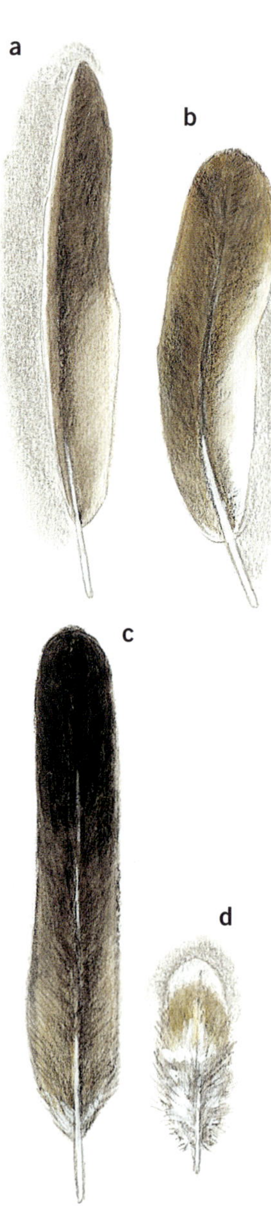

Brütet oft gesellig mit Artgenossen in Baumgruppen des Feldes, in Parks und Obstgärten. Als „Krammetsvogel" bekannt. Im Winterhalbjahr nicht selten in Trupps umherstreifend. Neststand sehr hoch. Oft zwei Jahresbruten April–Juni, 5–6 Eier. Brutdauer etwa 14 Tage, Nestlingszeit ca. 14 Tage. Nahrung: Gewürm, Schnecken, Beeren.

a Hand
b Arm
c Steuer
d Flanke

Grauammer **Miliaria calandra**

ca. 18 cm

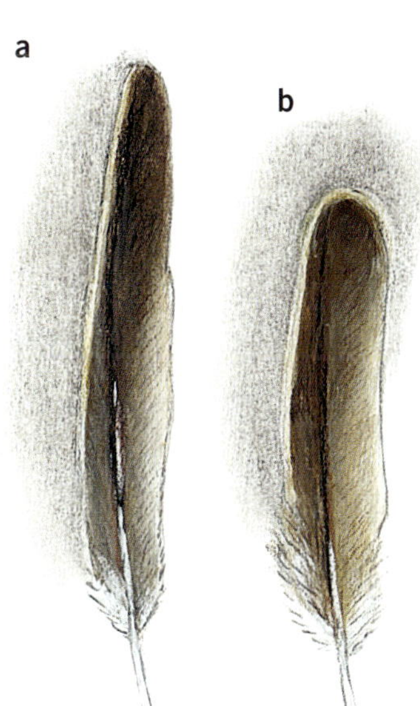

Brütet bodennah in dichter Vegetation an Wegrändern und in Hecken. Zwei Jahresbruten April–Juni, 4–5 Eier. Brutdauer um die 12 (13) Tage, Nestlingszeit ca. 11 Tage. Nahrung: Insekten, weiche Pflanzenteile.

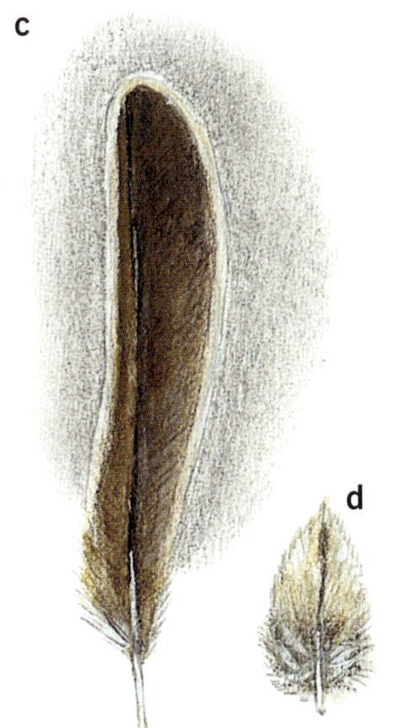

a Hand
b Arm
c Steuer
d Brust

93

Bienenfresser **Meropas apiaster**

ca. 28 cm

Koloniebrüter in Sandgruben, Erdwällen, Uferböschungen. Es werden tiefe Brutröhren gegraben. Zugvogel, der in Afrika überwintert. Eine Jahresbrut Mai—Juni, 6–8 Eier. Brutdauer um die 23 Tage, Nestlingszeit ca. 25–26 Tage Insektennahrung.

a und **b** Handschwinge
c Armschwinge
d Flügeldeckfeder
e Steuer
f Alula

Steinkauz **Athene noctua**

ca. 22 cm

Brutvogel der offenen Kulturlandschaft, der in Baumhöhlen, Kopfweiden und in Nisthöhlen, auch in Erdhöhlen brütet. Ein Nest wird nicht gebaut. Eine Jahresbrut April–Mai, 3–4 (5) Eier. Brutdauer 28, auch 29 Tage, Nestlingszeit etwa 24–25 Tage. Nahrung: Kleinsäuger, Insekten, Kleinvögel.

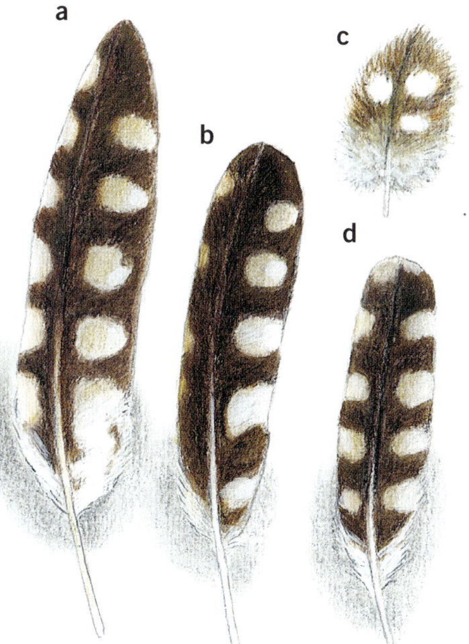

a Hand
b Arm
c Flanke
d Arm

95

Wiedehopf **Upupa epops**

ca. 28 cm

Zugvogel. Höhlenbrüter in aufgelockerter Landschaft, Obstgärten, Parks, Weinbergen. Dort in Holzstößen, Nistkästen, Baumhöhlen und Wurzelstücken brütend. Junge Wiedehopfe wehren sich bei Störung am Nest mit einem stinkenden Sekret aus der Bürzeldrüse. Eine Jahresbrut April–Juni, 4–5 (8) Eier. Brutdauer etwa 16 Tage, Nestlingszeit bis 25 Tage. Nahrung: Insekten aller Art, Maulwurfsgrillen, Raupen.

a Steuer
b Hand
c Arm
d Flügeldecke
e Alula
f Schirmfeder
g Rücken

Steinschmätzer **Oenanthe oenanthe**

ca. 15 cm

a

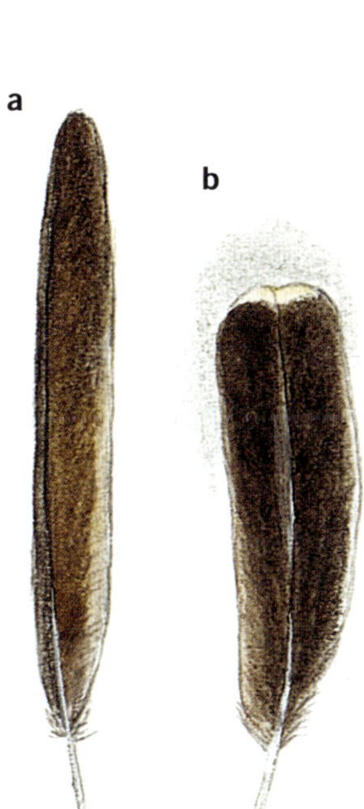

b

Zugvogel, der in Afrika überwintert und in steinreicher, offener Landschaft unter Steingeröll, in Erdspalten und in Mauernischen brütet. Eine Jahresbrut, zwei Bruten sind bekannt, April–Juni, 5–8 Eier. Brutdauer etwa 14 Tage, Nestlingszeit ca. 15 Tage. Nahrung: Insekten aller Art, Spinnentiere.

c

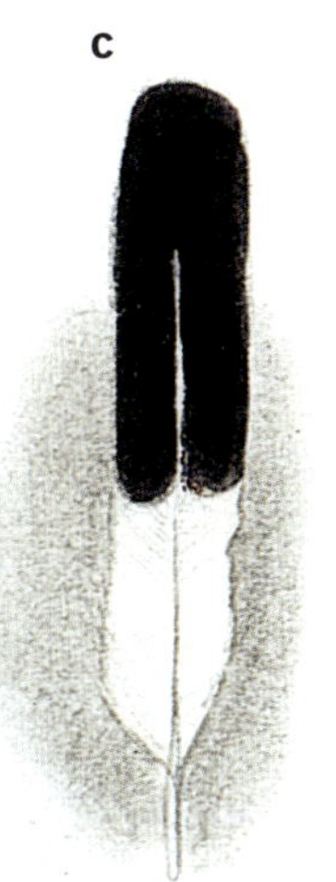

d

a Hand
b Arm
c Steuer
d Rücken

97

Samtkopfgrasmücke **Sylvia melanocephala**

ca. 13,5 cm

Brutvogel in offenem Gelände mit Gebüsch, auch lichte Eichenwälder in Südeuropa. Zwei Jahresbruten April–Juni, 4–5 Eier. Brutdauer etwa 13 Tage, Nestlingszeit ca. 12–13 Tage. Nahrung: Insekten, auch weiche Beeren, Früchte.

a

b

c

d

a Hand
b Arm
c und **d** Steuer

Offene Feldflur, Heckenlandschaft, Brachen

Turmfalke **Falco tinnunculus**

ca. 34 cm

Rüttelfalke, der in der Luft „stehend“ nach Beute Ausschau hält. Frei- und Höhlenbrüter, der kein eigenes Nest baut. Brütet auf blankem Untergrund oder auf alten Greifvogel- und Krähennestern. Eine Jahresbrut April–Mai, 5–7 Eier, je nach Angebot der Hauptnahrung Feldmäuse. Brutdauer 28–31 Tage, Nestlingszeit etwa 33 Tage.

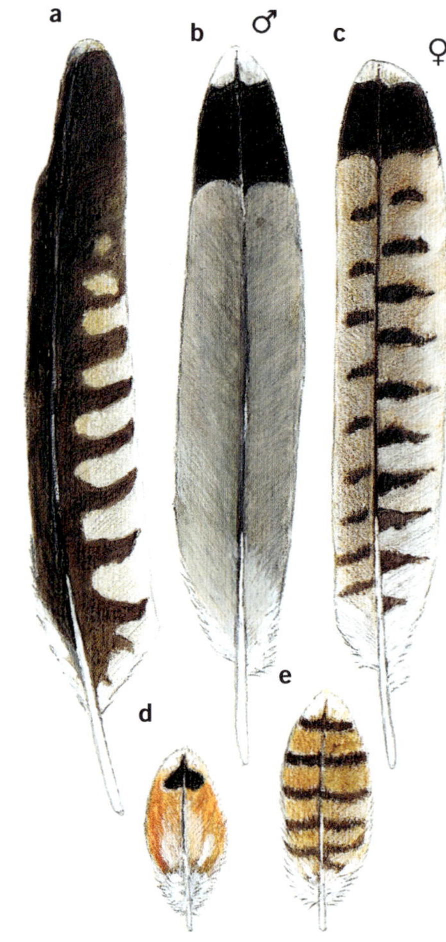

a Hand
b Steuer
c Steuer
d Rücken
e Rücken

Grünspecht **Picus viridis**

ca. 32 cm

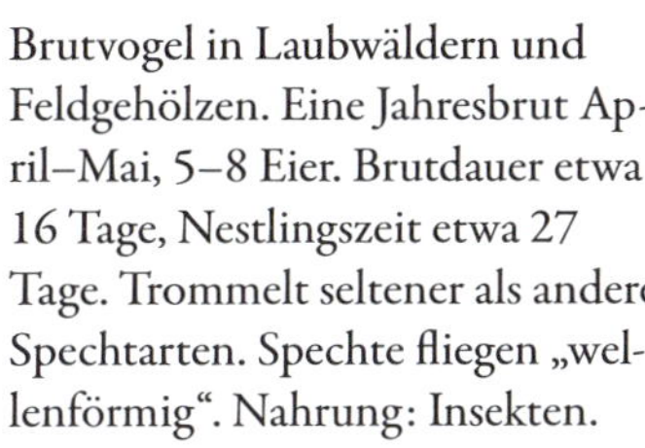

Brutvogel in Laubwäldern und Feldgehölzen. Eine Jahresbrut April–Mai, 5–8 Eier. Brutdauer etwa 16 Tage, Nestlingszeit etwa 27 Tage. Trommelt seltener als andere Spechtarten. Spechte fliegen „wellenförmig“. Nahrung: Insekten.

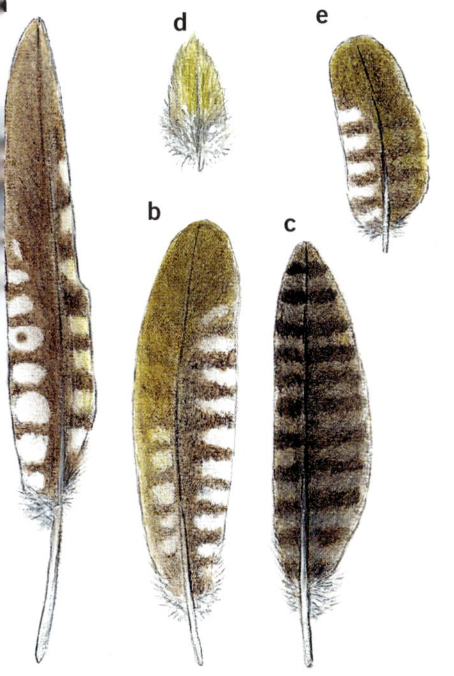

a Hand
b Arm
c Steuer
d Rücken
e Flügeldecke

101

Wachtel **Coturnix coturnix**

ca. 17,5 cm

Kleiner Bodenbrüter, der eine flache Bodenmulde unter Grasbüscheln für das Gelege scharrt. Eine Jahresbrut Mai–Juni, 7–15 Eier. Brutdauer etwa 17 Tage. Die Jungen sind Nestflüchter, die sich, im Jugendkleid gut getarnt, im Kraut verstecken. Nahrung: Insekten, weiche Sämereien.

a Hand
b Arm
c Steuer
d Rückenfeder

Fasan **Phasianus colchicus**

ca. 53–89 cm

Männchen größer als Weibchen. Bevorzugt auf Brachen und in unterholzreichen Feldgehölzen, die an Feldrainen und offenen Krautflächen grenzen. Gelege unter Gebüsch oder in hohem Gras in einer flachen Mulde. Eine Jahresbrut Mai–Juni. Oft 10 und mehr Eier. Brutdauer etwa 25 Tage. Die Jungen sind Nestflüchter. Nahrung: Weichtierchen vom Boden, pflanzliche Kost, auch Sämereien.

a Steuer
b Hand
c Arm
d Rückenfeder
e Brust
f Flanke

103

Elster **Pica pica**

ca. 40 cm

Großes Reisignest mit Dach hoch in Bäumen oder dichten Hecken. Häufiger Rabenvogel in allen Regionen. Eine Jahresbrut meistens im April. 5–6 (7) Eier. Brutdauer ca. 18 Tage, Nestlingszeit etwa 27 Tage. Nahrung: Würmer, Großinsekten, Vogeleier, Nestlinge.

a Steuer
b Hand
c Arm
d Flügeldeckfeder

Rabenkrähe **Corvus corone**

ca. 47 cm

Häufiger Rabenvogel. Nest hoch in Bäumen und Felswänden. Eine Jahresbrut März–April, nicht selten auch Mai. 4–5 (6) Eier. Brutdauer etwa 19 Tage, Nestlingszeit bis 32 Tage. Allesverzehrer, oft mit anderen Rabenvögeln und Möwen auf Müllhalden.

a Steuer
b Hand

105

Rotkopfwürger **Lanius senator**

ca. 17 cm

Zugvogel. Bewohnt offenes Gelände mit Hecken und dichten Baumgruppen, auch Obsthaine. Eine Jahresbrut Mai–Juni, 5 (6) Eier. Brutdauer ca. 15 Tage, Nestlingszeit etwa 14–15 Tage. Seltener Würger. Nahrung: Großinsekten, Kleinsäuger von Mäusegröße, Jungvögel, Amphibien.

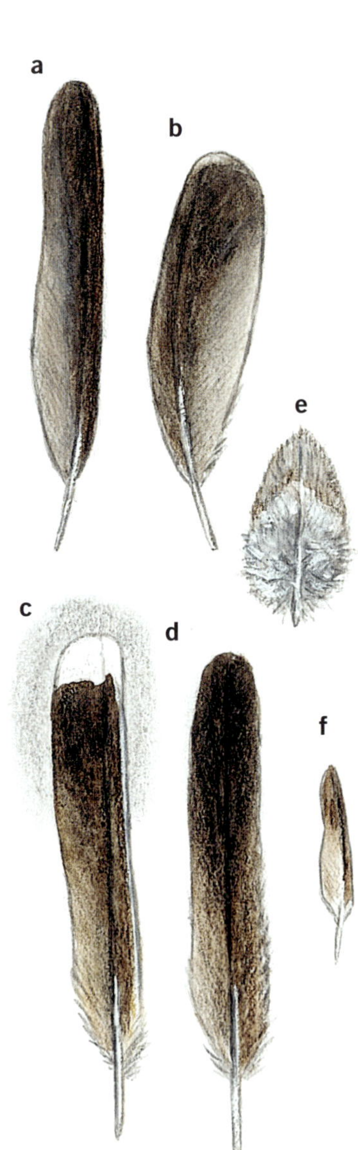

a Hand
b Arm
c und **d** Steuer
e Rückenfeder
f Alula

Neuntöter **Lanius collurio**

ca. 17 cm

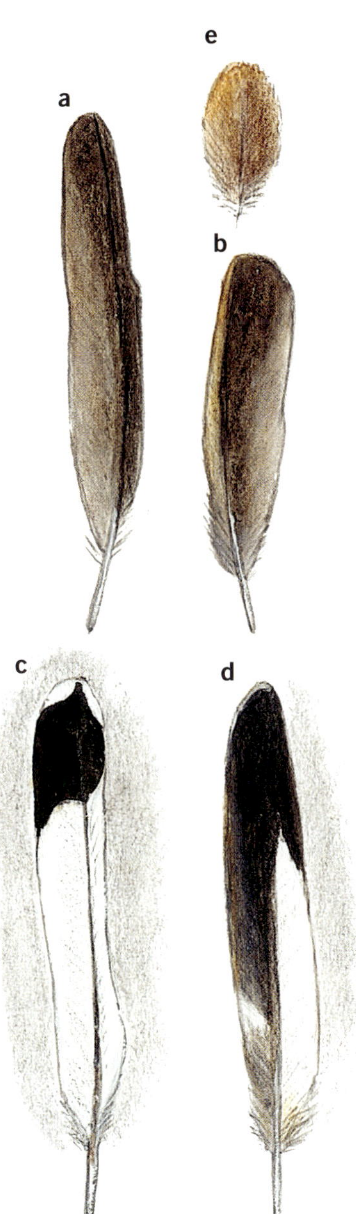

Auch Rotrückenwürger genannt. Zugvogel der Heckenlandschaft, wo er in dichten, dornreichen Gebüschen sein Nest baut und Insekten, kleine Mäuse und Vögel aufspießt. Im Volksmund „Dorndreher". Eine Jahresbrut Mai—Juni, 4–6 Eier. Brutdauer ca. 15 Tage, Nestlingszeit etwa 15 Tage. Kuckuckswirt. Nahrung: Fleischkost, Großinsekten, Mäuse und Jungvögel.

a Hand
b Arm
c und **d** Steuer
e Rückenfeder

107

Bluthänfling **Carduelis cannabina**

ca. 13 cm

Niedrig in dichten Hecken, kleinen Fichten oder in der Hausbegrünung brütender Fink, der im Winter gesellig umherstreift. Zwei Jahresbruten April–August, 4–5 (6) Eier. Brutdauer etwa 14 Tage, Nestlingszeit ca. 12 Tage. Seltener Kuckuckswirt. Nahrung: Sämereien, Insekten.

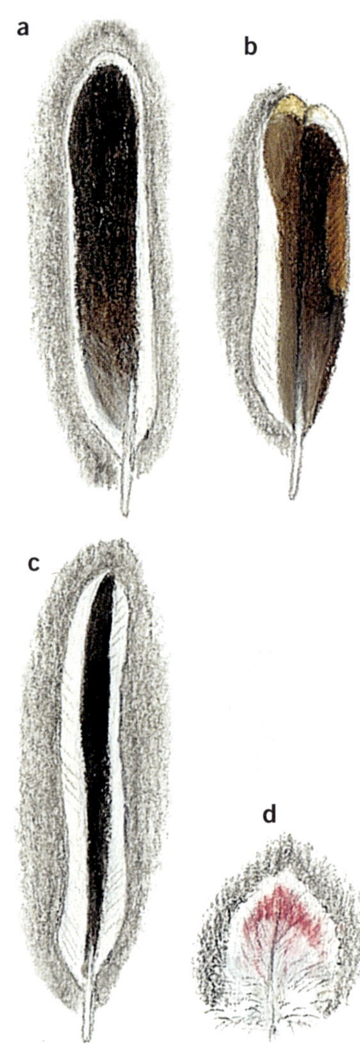

a Hand
b Arm
c Steuer
d Brust

Raubwürger **Lanius excubitor**

ca. 24 cm

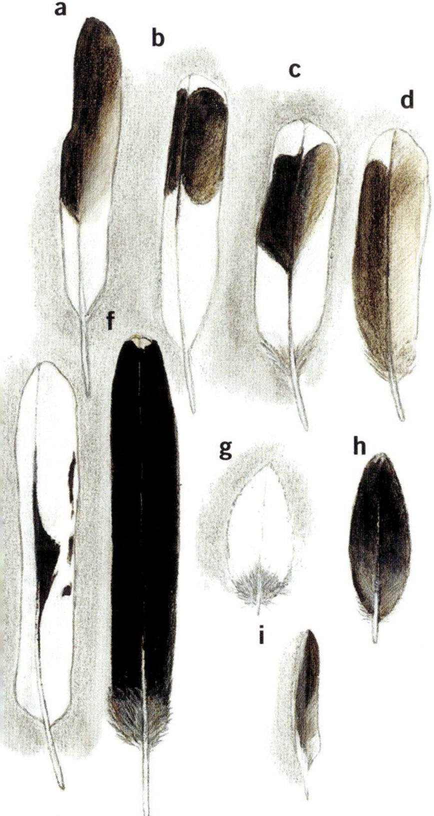

Brutvogel in durchwachsener Feldflur mit kleinen Hecken und Wäldchen, wo sein Nest auf Bäumen oder im dichten Heckenwuchs steht. Eine Jahresbrut April–Mai, 5–6 Eier. Brutdauer etwa 15 Tage, Nestlingszeit ca. 18–20 Tage. Jagt von hoher Warte aus Mäuse, Großinsekten, kleine Vögel, Eidechsen.

a und **b** Hand
c und **d** Arm
e und **f** Steuer
g Rückenfeder
h Schirmfeder
i Alula

109

Feldlerche **Alauda arvensis**

ca. 18 cm

Frühlingskünder über Felder und Wiesen. Versteckt ihr Nest in dichtem Kraut an Wegrändern und auf Brachfeldern. Zwei Jahresbruten April–Juli, 4–5 Eier. Brutdauer etwa 12 Tage, Nestlingszeit ca. 10–12 Tage. Nahrung: Insekten, zarte Pflanzenteile, Sämereien.

a Hand
b Arm
c und **d** Steuer
e Flügeldecke

Brachpieper **Anthus campestris**

ca. 16,5 cm

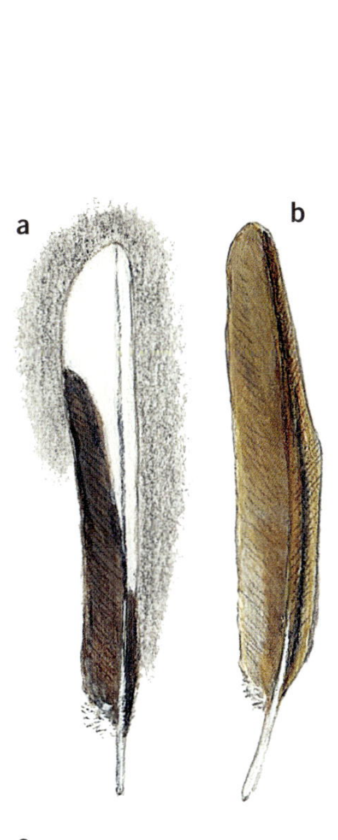

Brutvogel in Brachland mit reichlich Gebüsch und sandigen Zonen. Im Winter im offenen Kulturland umherstreifend. Eine Jahresbrut im Juni, 5 Eier. Brutdauer ca. 14 Tage, Nestlingszeit etwa 12–13 Tage. Nahrung: überwiegend Insekten.

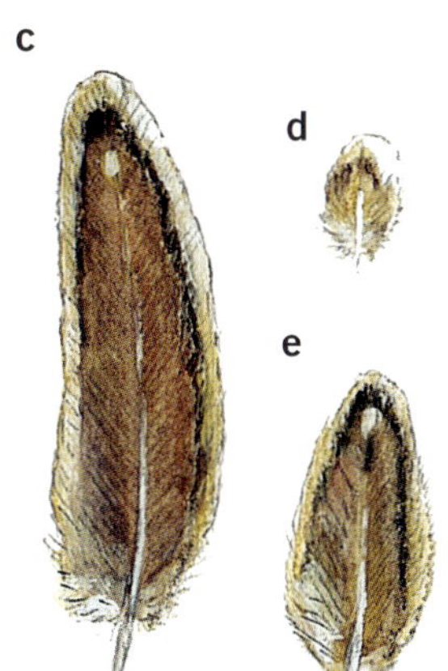

a Steuer
b Hand
c Arm
d Flügeldecke
e Schirm

Rebhuhn **Perdix perdix**

ca. 30 cm

Bevorzugt Brachen und Wiesenland mit abwechslungsreicher Vegetation, Feldraine mit niedrigem Heckenwuchs. Eine Jahresbrut Mai–Juni, 10 und mehr Eier. Brutdauer 23–25 Tage. Junge sind gut getarnte Nestflüchter. Ausfälle bei kalter Frühsommerwitterung. Nahrung: Weichtierchen, Insekten, Sämereien und andere Pflanzenteile.

a und **b** Steuer
c Hand
d Arm
e Flanke
f Flügeldecke
g Hand

Mäusebussard **Buteo buteo**

ca. 51–58 cm

Im Flugbild breite Flügel und breiter, abgerundeter Schwanz (Stoß). Oft segelnd, auch rüttelnd. Jagt vom Ansitz oder Suchflug aus Mäuse und andere Kleinsäuger bis Junghasengröße. Horst meist hoch in alten Bäumen. Eine Jahresbrut April–Mai, 2–4 Eier. Brutdauer etwa 35 Tage, Nestlingszeit ca. 36 Tage.

a Hand
b Steuer

113

Zaunammer **Emberiza cirlus**

ca. 16,5 cm

Niedrig in der Heckenlandschaft nistend und im Winter umherstreifend. Zwei Jahresbruten April–Juni, 4–5 Eier. Brutdauer etwa 12 Tage, Nestlingszeit ca. 12–13 Tage. Nahrung: Insekten aller Art, auch weiche Pflanzenteile.

a Flügeldecke
b und **c** Steuer
d Schirmfeder

a Hand
b Arm
c Steuer
d Rücken
e Brust

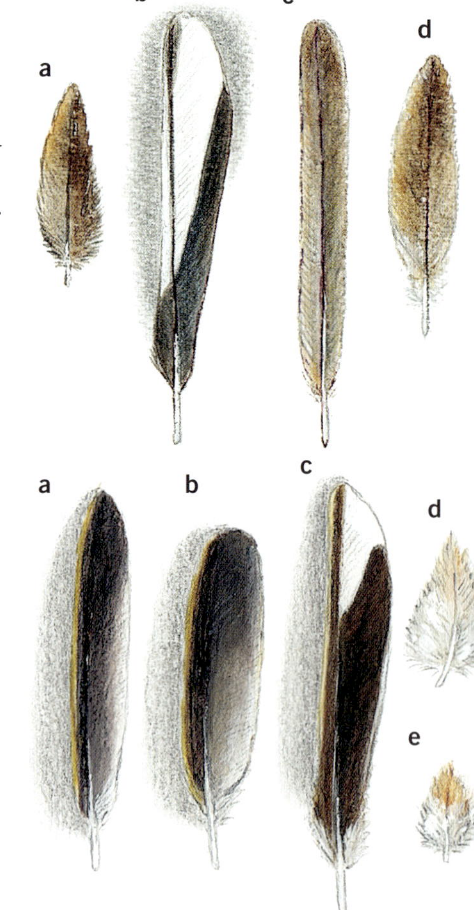

Goldammer **Emberiza citrinella**

ca. 16,5 cm

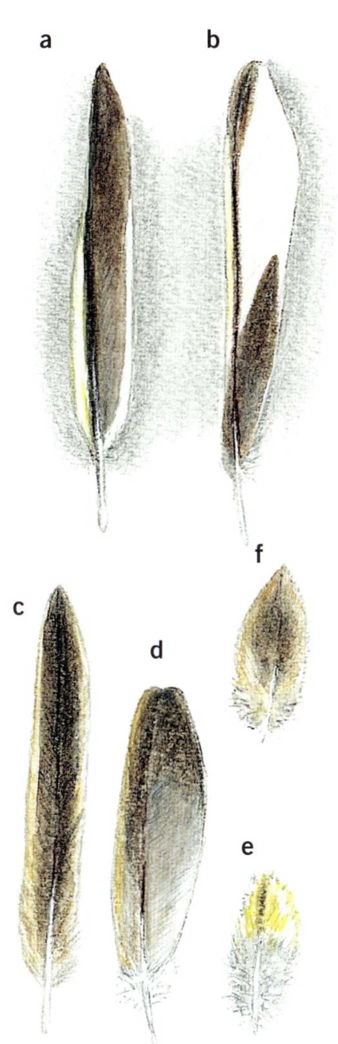

Versteckt das Nest in dichtes, bodennahes Gebüsch. Singt von den Spitzen hoher Heckensträucher. Zwei Jahresbruten April–Juli, 4–5 (6) Eier. Brutdauer ca. 14 Tage, Nestlingszeit etwa 14 Tage. Kuckuckswirt. Nahrung: Insekten aller Art, Raupen, Sämereien und weiche Pflanzenteile.

a Hand
b und **c** Steuer
d Arm
e Flanke
f Flügeldecke

115

Feldschwirl **Locustella naevia**

ca. 13 cm

Zugvogel. Heimlicher Schwirrer, der bodennah zwischen Gräsern und Gebüschen brütet. Der ca. 2 Minuten anhaltende, monotone Gesang erinnert an das Zirpen der Laubheuschrecke. Eine Jahresbrut Mai–Juni, 5–6 Eier. Brutdauer ca. 15 Tage, Nestlingszeit ca. 12 Tage. Nahrung: überwiegend Insekten.

d

a und **b** Hand
c Arm
d Steuer
e Unterschwanzfeder

Rotmilan **Milvus milvus**

ca. 61 cm

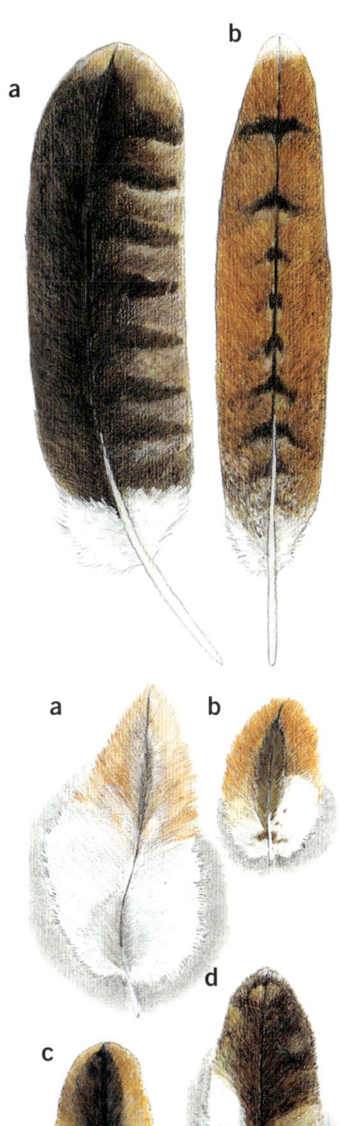

Auch Gabelweihe genannt. Nistet hoch in Bäumen, in offenem Gelände, im Tief-und Bergland, wo er Kleinsäuger und Vögel jagt, Aas nicht verschmäht und auch tote Fische vom Wasser aufnimmt. Eine Jahresbrut April–Mai, 3–4 Eier. Brutdauer um die 30 Tage, Nestlingszeit ca. 50 Tage.

a Hand
b Steuer

a Brust
b Nacken
c Flügeldecke
d Unterflügeldecke

117

Baumfalke **Falco subbuteo**

ca. 36 cm

Jagt in offener Kulturlandschaft fliegende Beute, Libellen, Vögel, Großinsekten. Zugvogel, der alte Greifvogel- und Krähennester als Brutplatz nutzt. Rasanter Flug. Eine Jahresbrut im Juni, 2–3 (4) Eier. Brutdauer etwa 28 Tage, Nestlingszeit ca. 30 Tage.

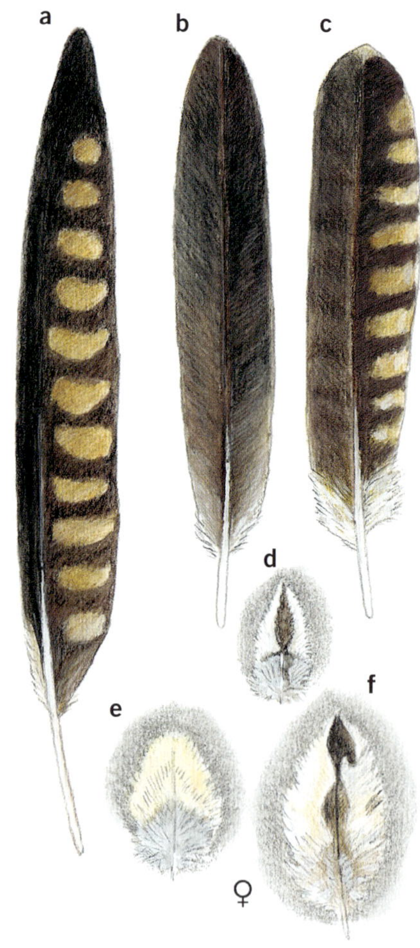

a Hand
b und **c** Steuer
d Nacken
e Unterschwanzfeder
f Unterflügelfeder

Zwergschnepfe **Lymnocrytes minimus**

ca. 19 cm

Zugvogel mit Überwinterung im tropischen Afrika. Hier seltener Durchzügler. Brutvogel in nordischen Sümpfen und Mooren. Nest verborgen unter Gras und anderem dichten Bodenwuchs. Zwei Jahresbruten sind bekannt im Juni. 4 Eier. Brutdauer ca. 23–25 Tage. Nahrung: Würmer, Schnecken, Weichtierchen aus dem Schlamm, die mit dem langen Stocherschnabel aufgespürt werden.

a Hand
b Arm
c Steuer
d Rückenfeder

 119

Heidelerche **Lullula arborea**

ca. 15 cm

Zugvogel. Brütet an lichten Waldrändern, auf Heiden und auf Brachen. Zwei Jahresbruten April–Juni, 5–6 Eier. Brutdauer ca. 15 Tage, Nestlingszeit 12 Tage. Nahrung: Insekten, Spinnentiere, Würmer, weiche Pflanzenkost.

a Hand
b Arm
c und **d** Steuer

Wälder, Parks, Gärten

Hohltaube **Columby oenas**

ca. 33 cm

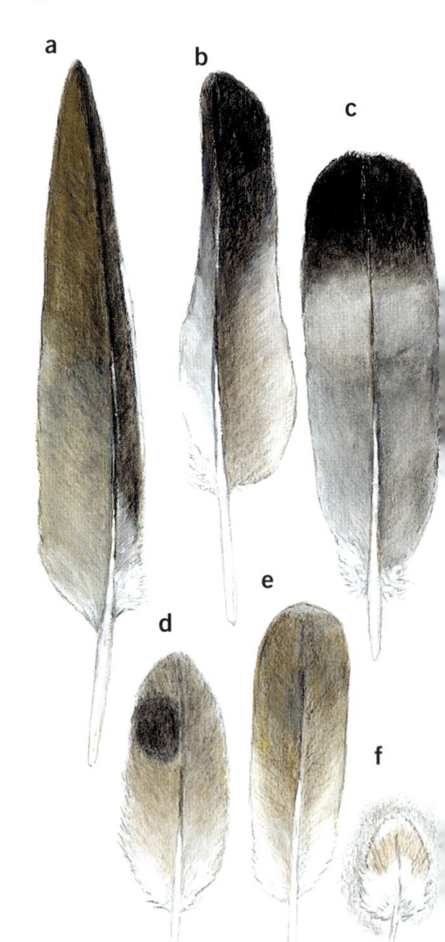

Zugvogel, der oft schon im Februar in sein Brutgebiet, lichte Altwälder, zurückkehrt und in Baumhöhlen brütet. Fehlen Schwarzspechthöhlen, werden auch Nistkästen angenommen. Für Zweitbruten wird ein neuer Nistplatz gewählt. Mai–April, 2 Eier, Brutdauer um die 17 Tage, Nestlingszeit bis 24 Tage. Nahrung: Insekten, Pflanzen, Sämereien.

a und **b** Hand
c Steuer
d und **e** Arm
f Brust

Dorngrasmücke **Sylvia communis**

ca. 14 cm

a

b

Brutvogel in offenem Gelände mit Strauchwildnis. Nest in Bodennähe verborgen. Zugvogel. Zwei Jahresbruten Mai–Juni, 4–6 Eier. Brutdauer etwa 14 Tage, Nestlingszeit ca. 12 Tage. Nahrung: Insekten, weiche Beeren.

c

d

a Hand
b Arm
c Steuer
d Flügeldecke

Mönchsgrasmücke **Sylvia atricapilla**

ca. 14 cm

Zugvogel in unterholzreicher Landwirtschaft brütend. Zwei Jahresbruten Mai–Juni, oft auch später. Kuckuckswirt. Brutdauer bis 15 Tage, Nestlingszeit 12–13 Tage. Nahrung: Insekten, Beeren.

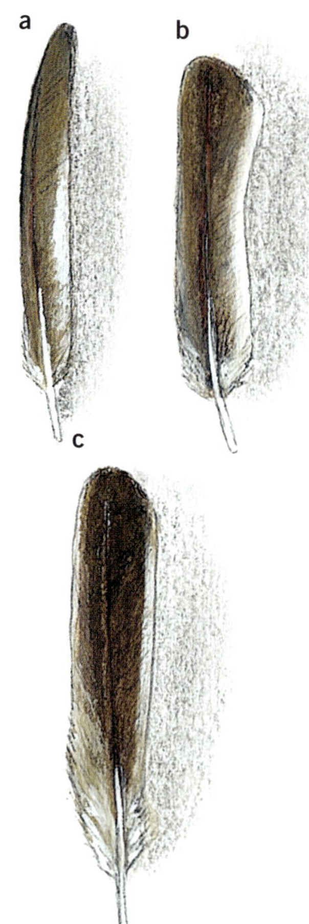

a Hand
b Arm
c Steuer

Grünling **Carduelis chloris**

ca. 15 cm

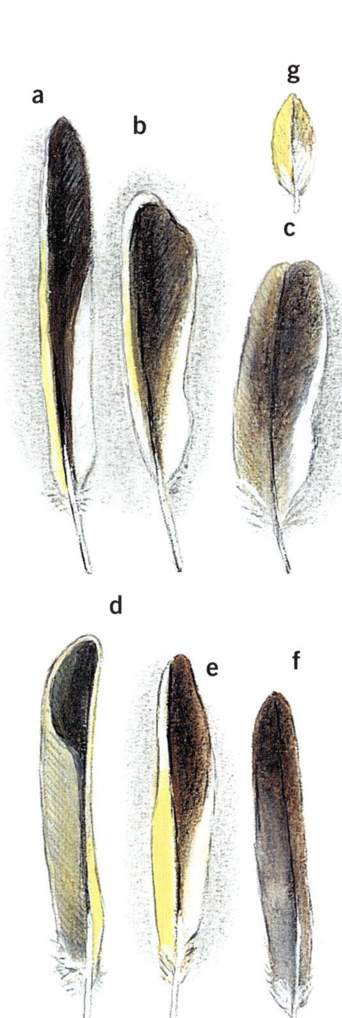

Auch Grünfink genannt. Brutvogel in Gärten, Parks und im buschreichen Feld. Nest dort in dichtem Gebüsch und auf Bäumen. Zwei Jahresbruten April–Mai, 4–5 Eier. Brutdauer etwa 14 Tage, Nestlingszeit ca. 14 Tage. Nahrung: Sämereien aller Art, Beeren, Insekten.

a und **b** Handschwingen
c Armschwinge
d bis **f** Steuer
g Alula (Daumenfittich)

125

Gimpel **Pyrrhula pyrrhula**

ca. 15 cm

Auch Dompfaff genannt. Brutvogel in allen Waldformen, Gärten, Parks und Obsthainen. Besucht Winterfütterung. Zwei Jahresbruten Mai–Juni, 4–6 Eier. Brutdauer ca. 13–14 Tage, Nestlingszeit etwa 12 Tage. Nahrung: Pflanzen, Knospen, Insekten.

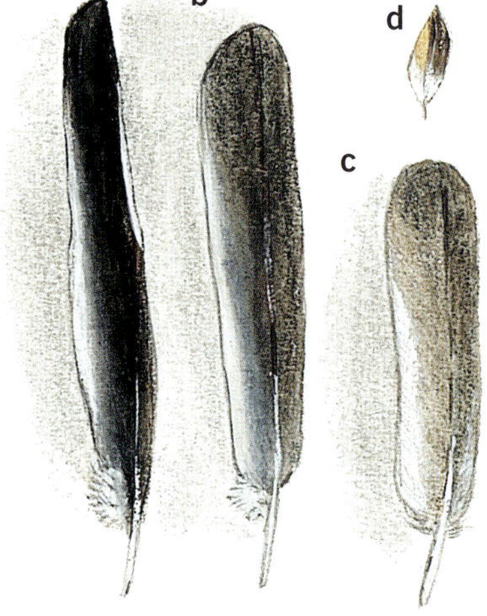

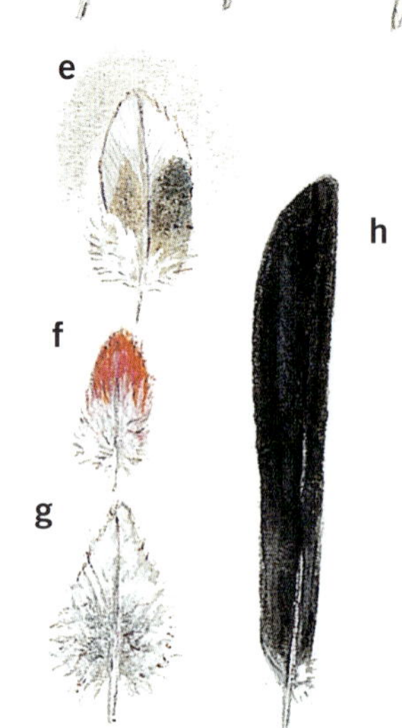

a und **b** Handschwingen
c Armschwinge
d Alula
e Flügeldecke
f Brustfeder
g Bürzel
h Steuer

Nachtigall **Luscinia megarhynchos**

ca. 17 cm

Bevorzugt buschreiche Gegenden im Tiefland und dort feuchte Dickichte für die Brut. Singt auch am Tage. Nest verborgen meistens bodennah. Eine Jahresbrut Mai–Juli, 5–6 Eier. Brutdauer etwa 14 Tage, Nestlingszeit 12 Tage. Nahrung: Kerbtierchen aller Art, Insekten.

a Hand
b Arm
c Steuer
d Unterschwanzdecke

127

Klappergrasmücke **Sylvia curruca**

ca. 13 cm

Im Volksmund „Müllerchen“ genannt, wegen des klappernden Gesanges, der an ein Mühlenrad erinnert. Offene Wälder und Parks, buschreiche Gärten sind ihr Lebensraum. Nest dort verborgen in dichtem Gebüsch. Bis zwei Jahresbruten Mai–Juli, 5–6 Eier. Brutdauer ca. 12 Tage, Nestlingszeit etwa 12 Tage. Überwiegend Insektennahrung, im Winter auch Beeren.

a Hand
b Arm
c und **d** Steuer

Misteldrossel **Turdus viscivorus**

ca. 27 cm

Zugvogel, der in Südeuropa überwintert. Brut in offener Wald- und Parklandschaft mit alten Bäumen. Nest hoch im Baum. Zwei Jahresbruten April–Juni (Juli), 4–5 Eier. Brutdauer ca. 14 Tage, Nestlingszeit bis 16 Tage. Nahrung: Insekten, Schnecken, Würmer.

a und **b** Hand
c Arm
d Bürzel

129

Kohlmeise **Parus major**

ca. 14 cm

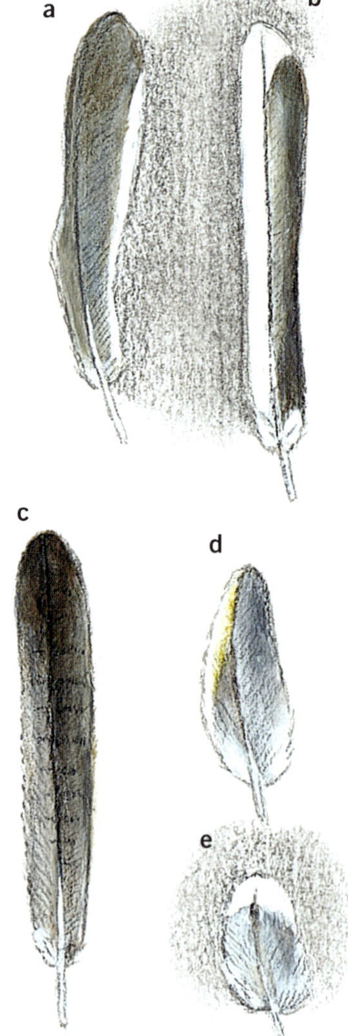

Häufiger Brutvogel in Gärten und Mischwäldern. Brut in Baumhöhlen und Nistkästen. Eine Jahresbrut April–Mai, 3–5 (6) Eier. Brutdauer bis 21 Tage, Nestlingszeit etwa 28 Tage. Nahrung: Insekten, Raupen, ölhaltige Sämereien, im Winter Fettfutter.

a Hand
b und **c** Steuer
d Arm
e Flügeldecke

Sumpfmeise **Parus palustris**

ca. 11,5 cm

b

Brutvogel in Laubwäldern und Gärten, Brut in Baumhöhlen und Nistkästen. Eine Jahresbrut April–Mai (Juni), 5–10 Eier. Brutdauer ca. 14 Tage, Nestlingszeit um die 18–19 Tage. Nahrung: überwiegend Insekten, Raupen.

d

a Steuer
b Hand
c Arm
d Schirm

Blaumeise **Parus caeruleus**

ca. 11,5 cm

Brutvogel in Laub- und Mischwäldern, in Gärten und Parks. Nest in Baumhöhlen und Nistkästen. Zwei Jahresbruten April–Juni, 8–10 Eier und mehr. Brutdauer bis 15 Tage, Nestlingszeit ca. 20 Tage. Nahrung: überwiegend Insekten, im Winter auch Fettfutter an Fütterungen und ölhaltige Sämereien.

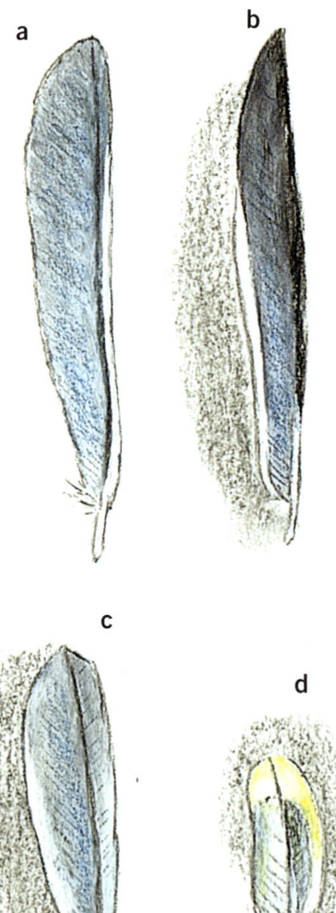

a Steuer
b Hand
c und **d** Arm

Stieglitz **Carduelis carduelis**

ca. 12 cm

Auch Distelfink genannt. Brutvogel in Gärten und Parks im Kulturland. Baut ein kunstvolles Nest in Astgabelungen meistens hoch in Bäumen. Zwei Jahresbruten Mai–Juli, 4–6 Eier. Brutdauer etwa 13 Tage, Nestlingszeit 14 Tage. Nahrung: Sämereien aller Art, Insekten, im Winter Disteln und andere Samenstauden.

a und **b** Steuer (Schwanz)
c Hand
d Arm
e bis **g** Flügeldecken und Schirmfedern

 133

Rotkehlchen **Erithacus rubecula**

ca. 14 cm

Brutvogel in Gärten, Parks, lichten Wäldern. Nest verborgen unter Wurzelstöcken und Reisighaufen, auch in Efeu und Mauernischen. Zwei Jahresbruten April–Juli, 4–6 Eier. Brutdauer ca. 14 Tage, Nestlingszeit etwa 15 Tage. Nahrung: Insekten, Gewürm, im Winter auch Fettfutter und Haferflocken.

a und **b** Hand
c Arm
d Steuer

Kernbeißer **Coccothraustes coccothraustes**

ca. 18 cm

a

b

Brütet in Mischwäldern, Parks und Gärten, in Baumkronen und hohen Hecken. Eine Jahresbrut Mai–Juni, 4–5 Eier. Brutdauer ca. 14 Tage, Nestlingszeit etwa 14 Tage. Nahrung: Fruchtkerne, Beeren, Sämereien.

c

d

a und **b** Hand
c Steuer
d Arm

135

Birkenzeisig **Carduelis flammea**

ca. 13 cm

Vogel lichter Nadelwälder im Berg- und Tiefland. Nest verborgen in dichtem Gezweig. Eine Jahresbrut April–Mai, 4–5 (8) Eier. Brutdauer 12–13 Tage, Nestlingszeit 14 Tage. Nahrung: Insekten, Sämereien aller Art, vor allem Baumsamen von Erlen und Birken.

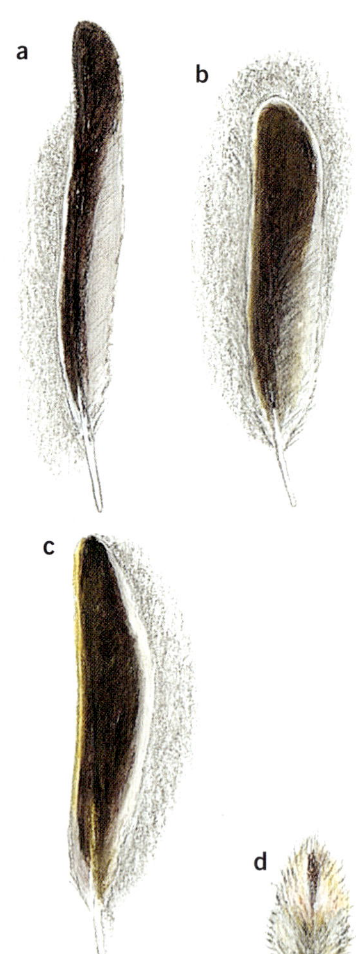

a Hand
b Arm
c Steuer
d Brust

Wespenbussard **Pernis apivorus**

ca. 51–60 cm

Zugvogel. Schmalere Schwingen und längerer Schwanz als Mäusebussard. Lebt von den Larven der Wespen und Hummeln, die er oft mit den Waben aus der Erde scharrt. In Ermangelung von Insektennahrung vertilgt er auch kleine Mäuse, Vögel und deren Eier. Eine Jahresbrut Mai–Juni, 2 Eier, Brutdauer etwa 35 (34) Tage, Nestlingsdauer ca. 45 Tage.

a Hand
b Steuer
c Nacken
d Brust

137

Kuckuck **Cuculus canorus**

ca. 33 cm

Im Fluge mit dem Sperber zu verwechseln. Zugvogel, dessen Eiablage sich nach den Brutzeiten seiner Wirtsleute richtet. 1 Ei pro Wirtsvogel. Eier meistens jenen der Wirtsvögel ähnlich. Brutdauer seiner Wirtsvögel meistens zwischen 12–15 Tage. Nahrung: Insekten, große und haarige Raupen.

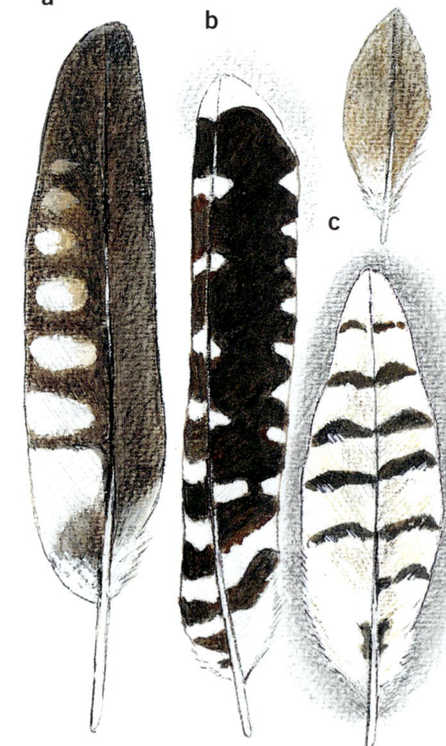

a Hand
b Steuer
c Unterschwanzdecke
d Schirmfeder

Wintergoldhähnchen **Regulus regulus**

ca. 9 cm

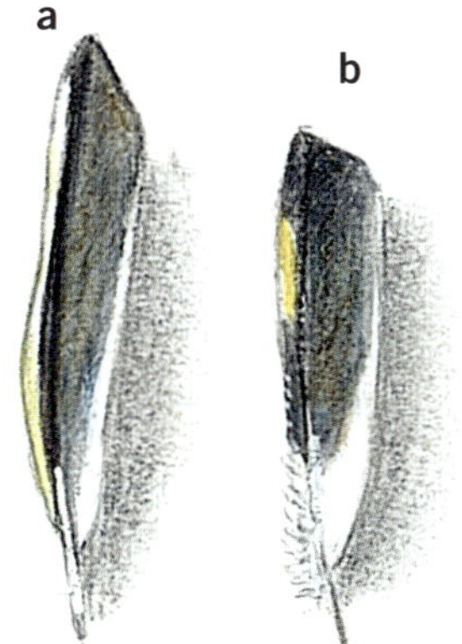

Baut kunstvolles Hängenest in Fichtenzweige. Außerhalb der Brutzeit mit Meisen umherstreifend. Eine Jahresbrut Mai–Juni, 5–7 Eier. Brutdauer etwa 13 Tage, Nestlingszeit ca. 13 Tage. Zweitbruten bekannt. Nahrung: Insekten, Spinnentierchen.

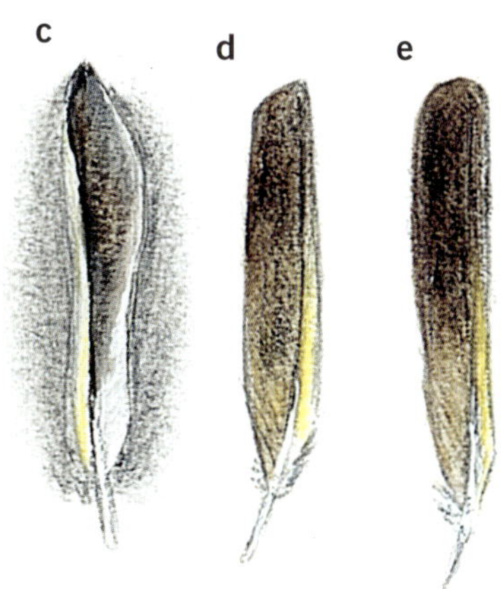

a Hand
b Arm
c, d und **e** Steuer

139

Tannenmeise **Parus ater**

ca. 11 cm

Überwiegend Nadelwaldbewohner, der in Baumhöhlen und Erdhöhlungen brütet. Im Winter seltener an Futterstellen. Zwei Jahresbruten April–Juni, 6–8 (10) Eier. Brutdauer um die 15 Tage, Nestlingszeit 16–17 Tage. Nahrung: Insekten, Sämereien.

b c

a und **b** Hand
c Steuer

Wendehals **Jynx torquilla**

ca. 16,5 cm

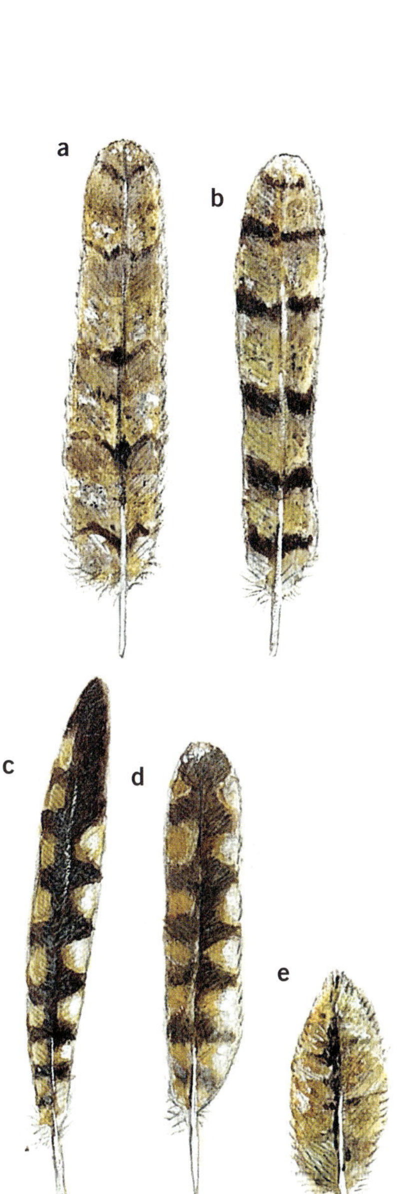

Zugvogel. Zu den Spechten gehörender Höhlenbrüter, der auch Nistkästen als Brutplatz annimmt. Frühlingskünder mit nasalen Rufreihen. Die Eier werden auf nacktem Boden oder in alte Nester gelegt. Eine Jahresbrut. Zweitbruten bekannt, 5–10 Eier. Brutdauer etwa 14 Tage, Nestlingszeit um die 20 Tage. Nahrung: Ameisen, deren Puppen und Larven und andere Insekten.

a und **b** Steuer
c Hand
d Arm
e Rücken

141

Feldsperling **Passer montanus**

ca. 14 cm

Höhlenbrüter in Baumhöhlen und Nistkästen. Nest mit vielen Federn ausgepolstert. Zwei Jahresbruten April–Juli, 5–6 Eier. Brutdauer ca. 14 Tage, Nestlingszeit 15–16 Tage. Nahrung: Insekten, Pflanzen, Sämereien.

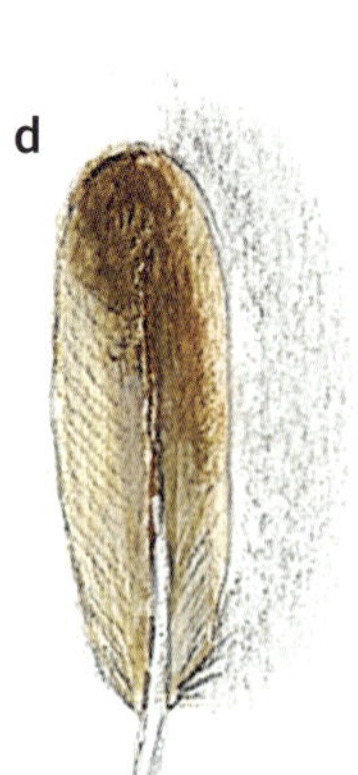

a und **b** Steuer
c Hand
d Arm

Grauspecht **Picus canus**

ca. 25 cm

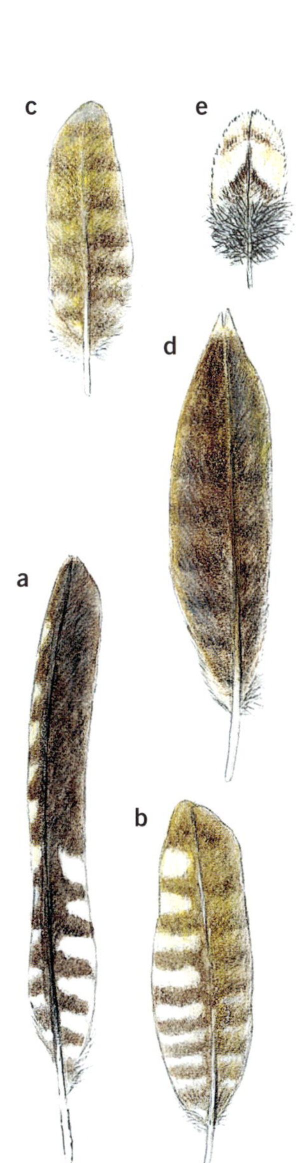

Bewohnt alte Laubwälder auch im Mittel- und Hochgebirge. Eine Jahresbrut Mai–Juni, 5–6 Eier. Brutdauer ca. 15 (16) Tage, Nestlingszeit etwa 27 Tage. Nahrung: Insekten, die er häufig vom Boden aufnimmt.

a Hand
b Arm
c Schirmfeder
d Steuer
e Unterschwanzdecke

143

Buchfink **Fringilla coelebs**

ca. 15 cm

Baut ein kunstvolles Moos-Flechtennest in Astgabeln von Laubbäumen, häufig Obstbäumen und Birken. Zwei Jahresbruten April–Juni, 5 (4) Eier. Brutdauer etwa 13 Tage, Nestlingszeit 13–14 Tage. Nahrung: Insekten, Sämereien.

d e g f

a und **b** Hand
c Arm
d und **e** Steuer
f Schirmfeder
g Flügeldecke

Bergfink **Fringilla montifringilla**

ca. 15 cm

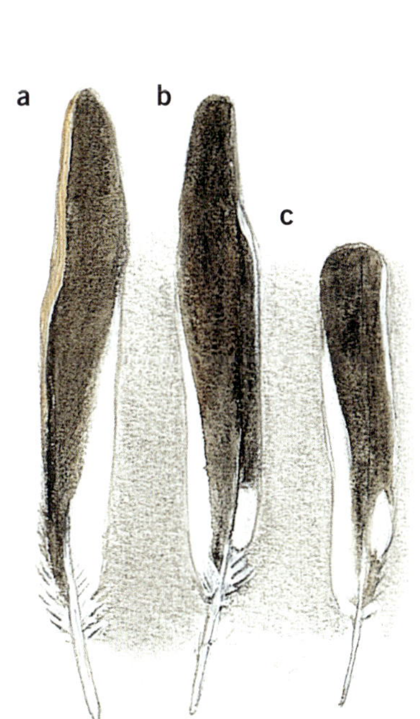

Nest wie Buchfink, oft mit feinen Gespinsten umwirkt auf Laub- und Nadelbäumen. Seltener als Buchfink. Zwei Jahresbruten sind bekannt, Mai–Juni, 5–6 Eier. Brutdauer etwa 14 Tage, Nestlingszeit ca. 14 Tage. Kuckuckswirt. Nahrung: Sämereien, Weichtierchen.

a, b und **c** Hand
d Arm
e und **f** Steuer
g Brust

Zeisig **Carduelis spinus**

ca. 12 cm

Brütet in Nadel- und Laubwäldern, auch in Gärten und Parks mit dichten Büschen und Hecken. Im Winter oft in großen Schwärmen nahrungssuchend in Schwarzerlen und anderen Samen tragenden Bäumen. Zwei Jahresbruten April–Juni, 5 (4) Eier. Brutdauer ca. 12 Tage, Nestlingszeit etwa 14 Tage. Nahrung: Sämereien, Knospen, Insekten.

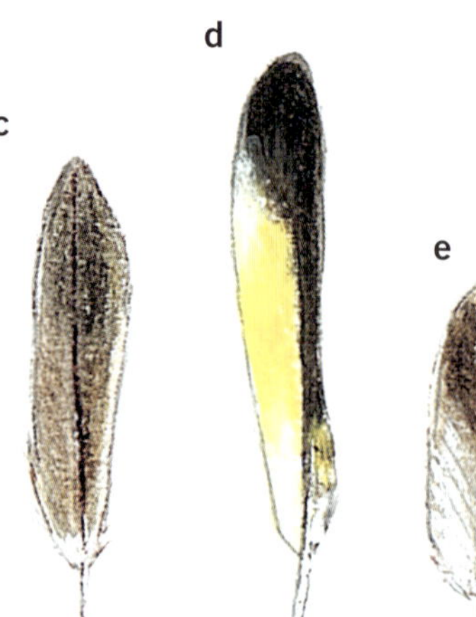

a Hand
b Arm
c Schirm
d Steuer
e Flügeldecke

Girlitz **Serinus serinus**

ca. 12 cm

Kleinster europäischer Fink. Nest in Bäumen und Büschen. Zwei Jahresbruten April–Juni, 4–5 Eier. Brutdauer ca. 13 Tage, Nestlingszeit 13–14 Tage. Nahrung: Sämereien aller Art, weiche Knospen, zur Jungenzeit auch kleine Insekten.

a Hand
b Arm
c Schirm
d Steuer
e Kleingefieder Rücken

147

Ziegenmelker **Caprimulgus europaeus**

ca. 27 cm

Bodenbrütender Zugvogel, selten. Eier werden in Bodenmulden auf Kiefernadeln oder Mulm gelegt. Zwei Jahresbruten Juni–Juli. 2 Eier. Brutdauer etwa 18 Tage, Nestlingszeit 18–20 Tage. Nahrung: Insekten, des nachts fliegende Falter.

a Hand
b und **c** Steuer
d Arm
e Rücken / Bürzel
f Unterschwanzfeder

Waldohreule **Asio otus**

ca. 26 cm

Freibrütende Eule, die alte Greifvogelnester oder künstliche Nistunterlagen bezieht. Eine Jahresbrut März–April. Zweitbruten bekannt, 4–6 Eier. Brutdauer etwa 28 Tage, Nestlingszeit 23–24 Tage. Nahrung: Kleinsäuger.

a Hand
b Steuer
c Flügeldeckfeder

149

Zilpzalp **Phylloscopus collybita**

ca. 11 cm

Auch Weidenlaubsänger genannt. Zugvogel. Bodenbrüter, der sein backofenförmiges Grasnest unter Laub und Reisig verbirgt. Nicht selten zwei Jahresbruten April–Mai, 5–6 Eier. Brutdauer ca. 14 Tage, Nestlingszeit 14–15 Tage. Selten Kuckuckswirt. Nahrung: Insekten.

a und **b** Hand
c und **d** Steuer

Waldlaubsänger **Phylloscopus sibilatrix**

ca. 13 cm

Waldschwirrvogel, der singend von Baum zu Baum gleitet. Zugvogel und Bodenbrüter, der sein Grasnest unter Grasbüscheln baut. Eine Jahresbrut Mai–Juni, 5–6 Eier. Brutdauer 12–13 Tage, Nestlingszeit etwa 12 Tage. Nahrung: Insekten.

a und **b** Hand
c Steuer

Gelbspötter Hippolais icterina

ca. 13 cm

Zugvogel, der ein kunstvolles Nest in Gebüsche und auf Bäumen baut. Eine Jahresbrut Mai–Juni, 3–6 Eier. Zweitbruten sind bekannt. Brutdauer ca. 13 Tage, Nestlingszeit 12–13 Tage. Nahrung: Insekten, Spinnentiere.

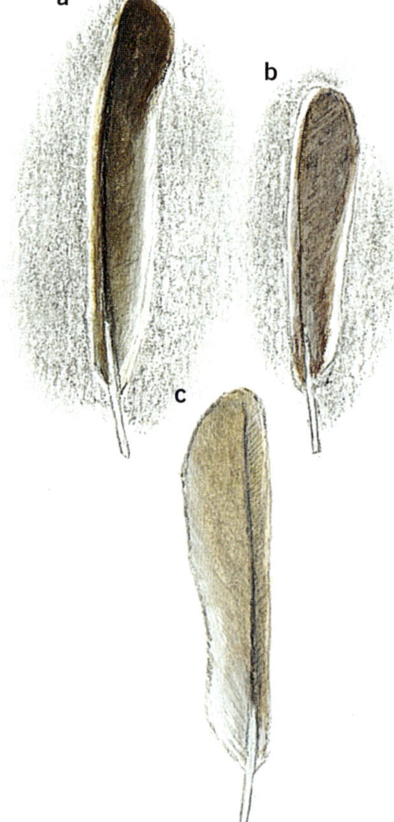

a Hand
b Arm
c Steuer

Schwanzmeise **Aegithalos caudatus**

ca. 14 cm

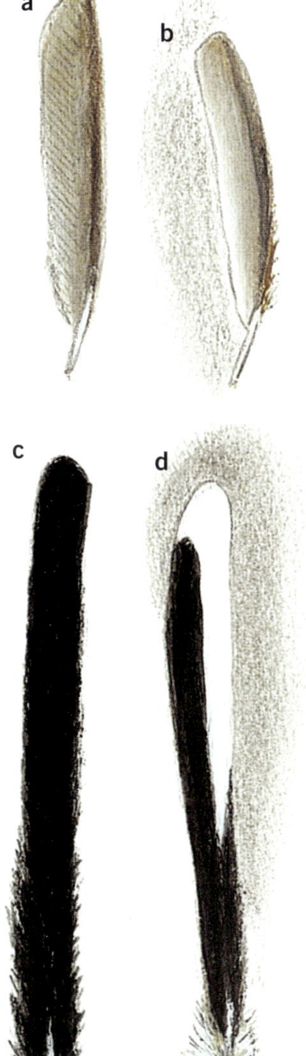

Baut geschlossene, kugelige Nester in dichte Nadelbäume und andere Sträucher, oft in herabhängenden Zweigen. Eine Jahresbrut, Zweitbruten bekannt, April–Mai, 8–15 Eier. Brutdauer 12–13 Tage, Nestlingszeit etwa 18 Tage. Nahrung: Insekten.

a Hand
b Arm
c und **d** Steuer

Habicht **Accipiter gentilis**

ca. 47–61 cm

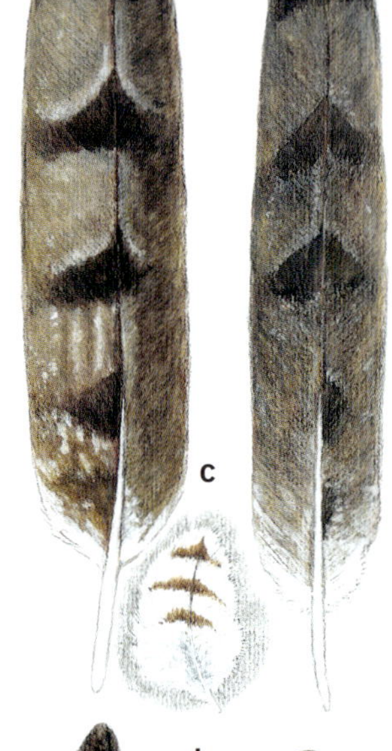

Weibchen wesentlich größer als Männchen. Horstgestalter in hohen Bäumen. Horst ein gewaltiger Reisigbau. Ungestümer Greifvogel, der Vögel und Kleinsäuger bis Hasengröße jagt. Eine Jahresbrut April–Mai, 3–4 Eier. Brutdauer um die 38 Tage, Nestlingszeit ca. 40 Tage.

a und **b** Steuer, Altvogel
c Brust

a Hand
b Arm
c Flanke

Schwarzspecht **Dryocopus martius**

ca. 46 cm

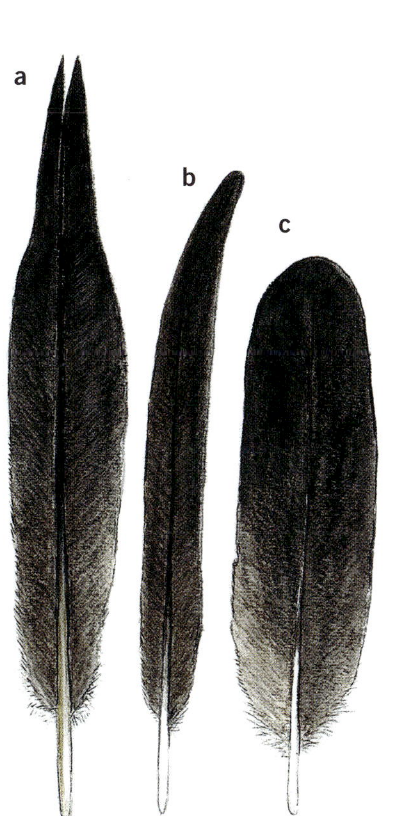

Größter, europäischer Specht, der „Feuervogel“ des Spessarts, der dieser Waldgegend den Namen gab. Zimmert große Höhlen, hoch in alten Waldbäumen, die später von Hohltauben, Eulen und Kleinsäugern genutzt werden. Eine Jahresbrut April–Mai, 3–5 Eier. Brutdauer 12–14 Tage, Nestlingszeit 25–26 Tage. Nahrung: Insekten.

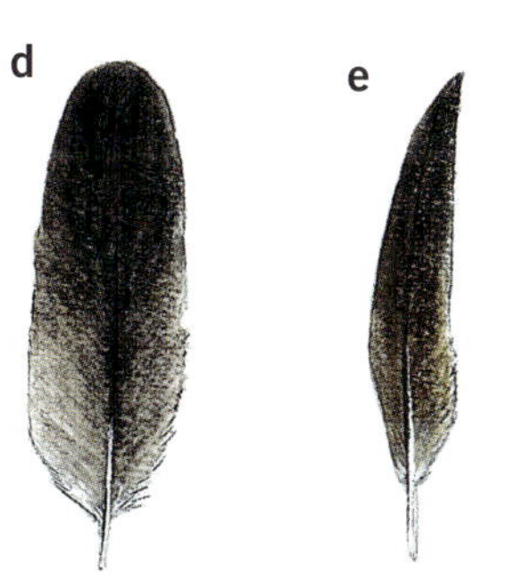

a Steuer Mitte
b Hand
c Arm
d Flügeldecke
e Alula

Sperber **Accipiter nisus**

ca. 28–38 cm

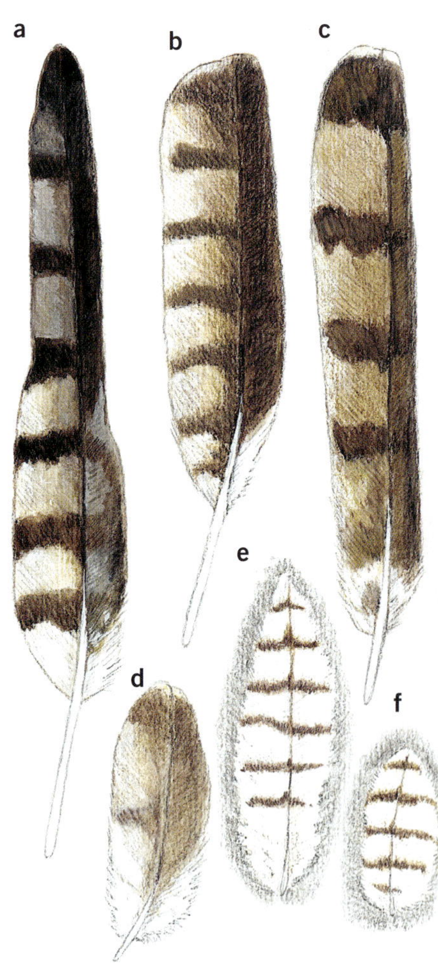

Weibchen ist wesentlich größer als Männchen. Überraschungsjäger bei der Kleinvogeljagd. Baut Reisignest unter der Begrünung von Fichten, Kiefern und Lärchen, meistens an den Stamm gedrückt. Eine Jahresbrut Mai–Juni, 4–5 Eier. Brutdauer etwa 35 Tage, Nestlingszeit 26–30 Tage, danach „Bettelflugperiode" der Jungvögel in Horstnähe. Sperberweibchen steht während der Brut und Jungvogelzeit in der Mauser. Junge und Weibchen werden dann allein vom Männchen mit Nahrung versorgt. Nahrung: Vögel bis Amselgröße, Kleinsäuger, Weibchen auch größere Beute.

a und **b** Hand
c Steuer
d Flügeldecke
e Flanke
f Brust

Turteltaube **Streptopelia turtur**

ca. 28 cm

Selten. Nest verborgen in Nadel- und auf Laubbäumen. Brut auch auf alten Großvogelnestern. Bis zwei Jahresbruten Mai–Juni, 2 Eier. Brutdauer 14–15 Tage, Nestlingszeit etwa 15 Tage. Nahrung: Sämereien.

a Hand
b Steuer
c Schulter

157

Ringeltaube **Columba palumbus**

ca. 40 cm

Häufige und größte Wildtaube. Baut ein flaches, schlichtes Reisignest, meistens auf die äußeren Baumzweige. In der Regel zwei Jahresbruten April–Juli, 2 Eier. Brutdauer um die 17 Tage, Nestlingszeit 18–24 Tage. Nahrung: überwiegend Pflanzenkost, Sämereien.

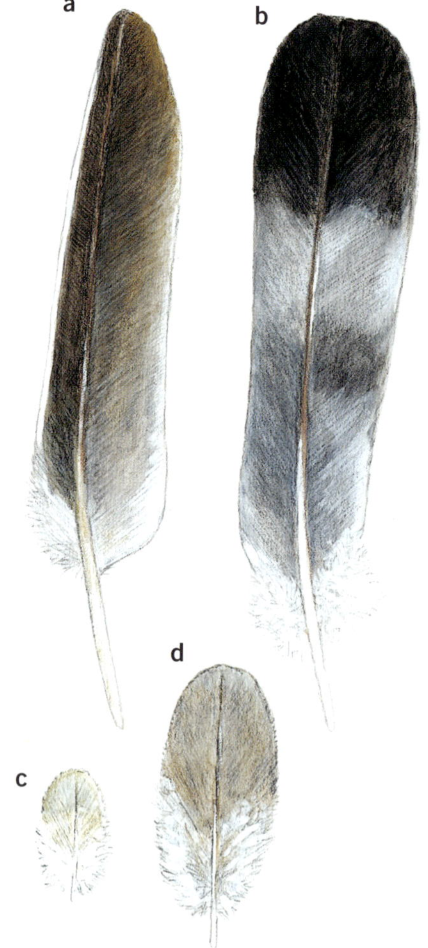

a Hand
b Steuer
c Bürzel
d Flügeldecke

Waldschnepfe **Scolopax rusticola**

ca. 34 cm

Der Vogel mit dem „langen Gesicht“. Bevorzugt unterholzreiche, feuchte Waldgebiete. Bodenbrüter zwischen Altholz und Kraut. Zwei Jahresbruten April–Juni. In der Regel 4 Eier. Brutdauer um die 23 Tage, Nestlinge verlassen nach dem Schlüpfen sofort das Nest. Nahrung: kleine Weichtiere, die aus dem Boden aufgenommen werden (Stocherschnabel).

a und **b** Steuer
c Hand
d Alula (Malerfeder)

a Hand
b und **c** Flügeldecken
d Unterflügeldecken
e Rücken
f Flanke

Baumpieper **Anthus trivialis**

ca. 15 cm

Bodenbrütender Zugvogel, der sein Nest auf Waldblößen unter Krautbüschel, Farnkraut oder kleinen Bäumchen verbirgt. Eine Jahresbrut Mai–Juni, 4–5 (6) Eier. Brutdauer etwa 14 Tage, Nestlingszeit ca. 12 Tage. Nahrung: Insekten.

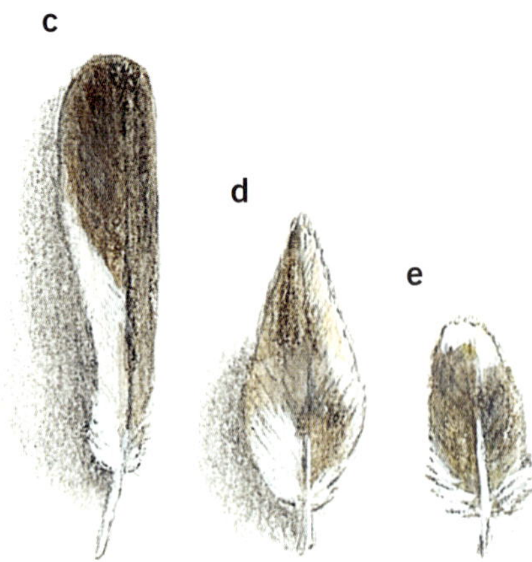

a Steuer
b Hand
c Arm
d Schirm
e Flügeldecke

Mittelspecht **Dendrocopos medius**

ca. 22 cm

Bevorzugt als Lebensraum lichte Laub-Mischwälder mit alten Eichen. Baut seine Höhlen hoch in Bäumen. Eine Jahresbrut April–Mai, 5–6 Eier. Brutdauer etwa 12 Tage, Nestlingszeit 18–20 Tage. Nahrung: Insekten.

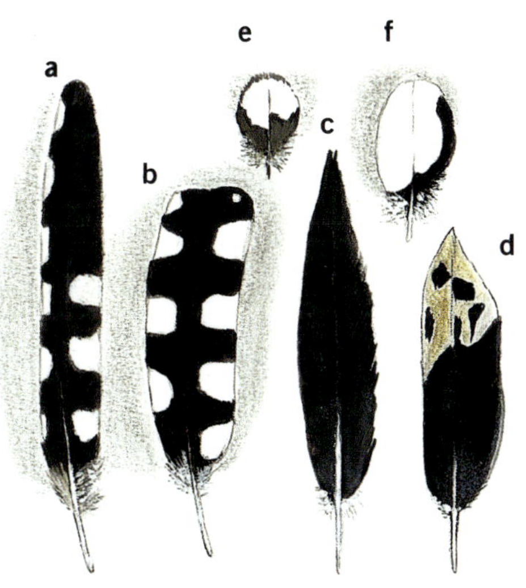

a Hand
b Arm
c und **d** Steuer
e kleine Flügeldecke
f große Flügeldecke

Kleiber **Sitta europaea**

ca. 14 cm

Emsiger Klettervogel, oft kopfüber. Nistet in Baumhöhlen und Nistkästen, deren Eingänge er mit Lehm verengt. Eine Jahresbrut April–Mai, 6–7 (8) Eier. Brutdauer 15 Tage, Nestlingszeit etwa 23 Tage. Nahrung: Insekten, auch ölhaltige Sämereien.

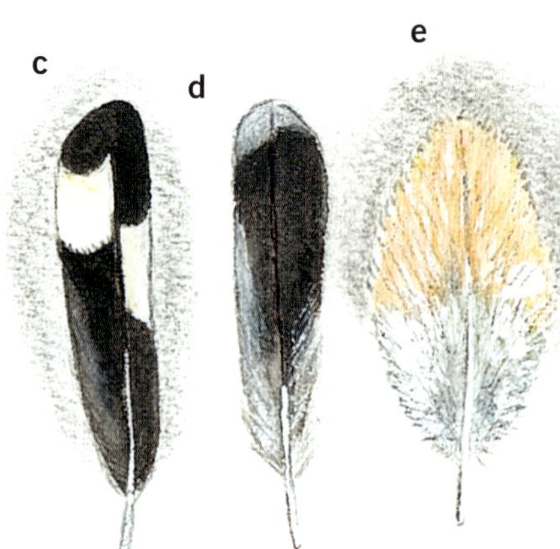

a Hand
b Arm
c und **d** Steuer
e Flanke

Buntspecht **Dendrocopos major**

ca. 23 cm

Lebensraum etwa wie Grünspecht, doch auch in reinen Fichtenwäldern. Häufiges Trommeln im Frühjahr zeigt Revier an. Eifriger Höhlenbauer. Eine Jahresbrut April oder Mai. 4–5 (6) Eier. Brutdauer etwa 12–13 Tage, Nestlingszeit 18–20 Tage. Nahrung: Insekten, im Winter auch Sämereien und Fettfutter an Futterstellen.

a Hand
b und **c** Arm
d Steuer
e Alula
f bis **h** Steuer
i Oberschwanzdecke
j Flügeldecke
k Unterschwanzdecke

Kleinspecht **Dendrocopos minor**

ca. 14 cm

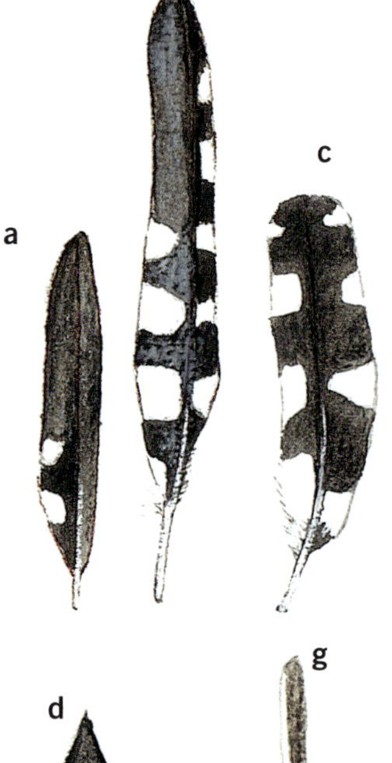

Ähnlich Buntspecht. Bewohner lichter Wälder, Parks und Obstgärten, wo er vorwiegend in morschen Bäumen seine Höhle zimmert. Eine Jahresbrut April–Mai, 5–6 Eier. Brutdauer ca. 14 Tage, Nestlingszeit 16–18 Tage. Nahrung: Insekten.

a und **b** Hand
c Arm
d, e und **f** Steuer
g Alula

Eichelhäher **Garrulus glandarius**

ca. 34 cm

Häufiger Vogel von der Ebene bis ins Gebirge. Baut ein flaches Nest auf Laub- und Nadelbäumen. Eine Jahresbrut April–Mai, 5–6 Eier. Brutdauer 16–17 Tage, Nestlingszeit bis 22 Tage. Versteckt wie Tannenhäher Samen und Früchte (Nüsse) in der Erde.

a Hand
b Arm
c und **d** Steuer

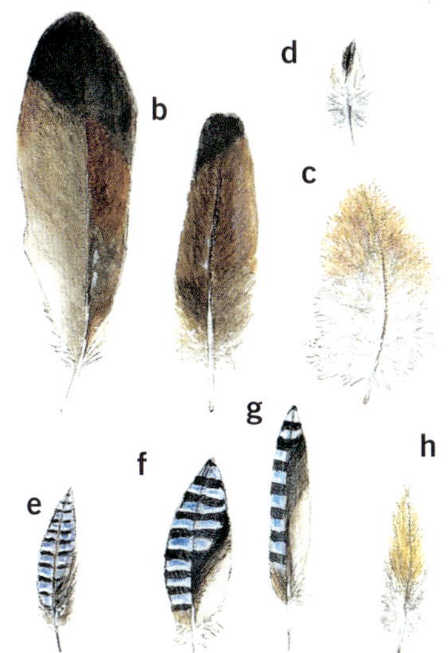

a Arm
b Schirmfeder
c Schulter
d Kopf
e Alula
f und **g** Flügeldecken
h Nackenfedern

Pirol **Oriolus oriolus**

ca. 24 cm

Zugvogel, der sein korbähnliches Hängenest in Astgabeln hoher Laubbäume baut, kunstvoll geflochtener Bau. Eine Jahresbrut im Juni, Nachgelege sind bekannt. 3–5 Eier. Brutdauer 14 Tage, Nestlingszeit bis 15 Tage. In vielen Gegenden sehr selten. Nahrung: Insekten.

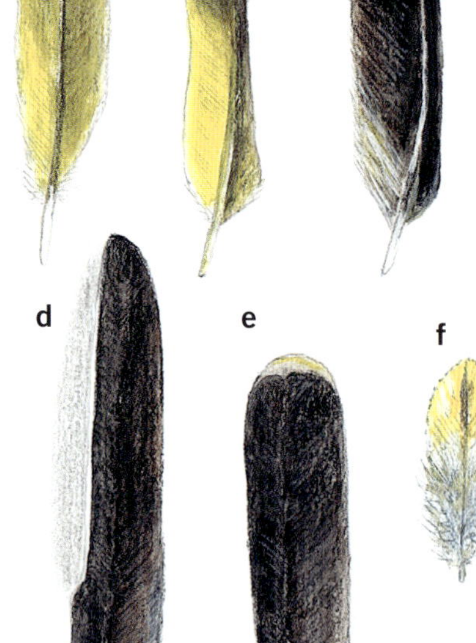

a und **b** Steuer
c Steuer
d Hand
e Steuer
f Brust
g Unterschwanzfeder

Singdrossel **Turdus philomelos**

ca. 22 cm

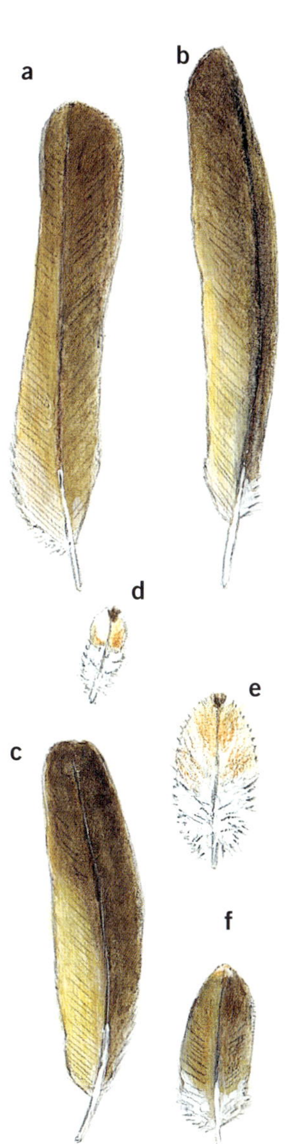

Zugvogel, der sein tief napfiges Nest in Büschen, Fichten, Astgabeln versteckt stehender Bäume baut. Die Nestmulde wird mit Holzspänen und feuchter Erde ausgekittet. Zwei Jahresbruten April—Juli, 4–6 Eier. Brutdauer etwa 13 Tage, Nestlingszeit ca. 14 Tage. Nahrung: Regenwürmer, Insekten, Beeren.

a Steuer
b Hand
c Arm
d Brust
e Bauch / Seite
f Flügeldecke

167

Heckenbraunelle **Prunella modularis**

ca. 15 cm

a

b

Das kunstvolle Moosnest wird in dichtes Gebüsch, Fichtenhecken, Brombeerranken gebaut. Zwei Jahresbruten April–Juli, 4–6 Eier. Brutdauer ca. 14 Tage, Nestlingszeit etwa 14 Tage. Als Kuckuckswirt bekannt. Nahrung: Insekten, im Winter Sämereien.

d

c

a Steuer
b Hand
c Arm
d Alula
e Flügeldecke

e

Waldkauz **Strix aluco**

ca. 38 cm

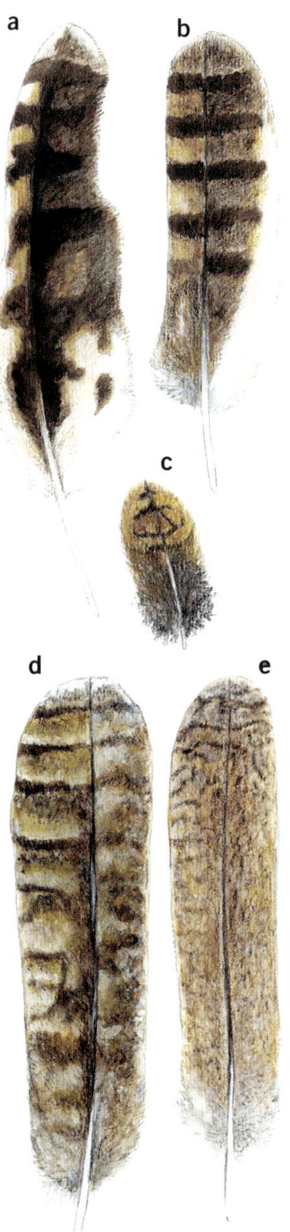

Häufige, verbreitete Eule, die in grauer und in brauner Farbphase erscheint. Höhlen- und Freibrüter, der aber Baumhöhlen und Nistkästen als Brutplatz bevorzugt. Eine Jahresbrut Februar–April / Mai. 2–4 (5) Eier. Brutdauer etwa 29 Tage, Nestlingszeit ca. 24 Tage. Die Jungen verlassen den Brutplatz flugunfähig. Nahrung: Kleinsäuger, Mäuse, auch Vögel.

a Hand
b Arm
c Flügeldeckfeder

d und **e** Steuer

169

Durchzügler und Irrgäste

Seidenschwanz **Bombycilla garrulus**

ca. 18 cm

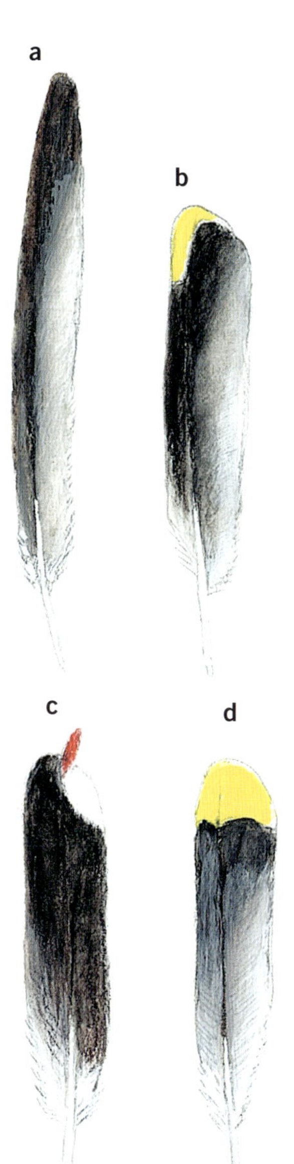

Vogel nordischer Nadel- und Birkenwälder. Im Winter oft in kleinen Gesellschaften in südlichen Gefilden auf Nahrungssuche. Begehrte Winternahrung: Beeren. Nistet auf Nadelbäumen. Eine Jahresbrut im Juni, 4–6 Eier. Brutdauer ca. 14 Tage, Nestlingszeit 15–16 Tage. Nahrung: Insekten. Im Winter Beeren, Obst. Überwinterer Mittel- und Südeuropa

a und **b** Hand
c Arm
d Steuer

171

Berghänfling **Carduelis flavirostris**

ca. 13 cm

Nordischer Fink, der im Winter schwarmweise die Feldflur durchstreift, bevorzugt die Küstenlandschaft und Sumpfgebiete. Brütet in Mooren und auf Brachen, gesellig. Eine Jahresbrut Mai–Juni, 5–7 Eier. Brutdauer ca. 13 Tage, Nestlingszeit etwa 15 Tage. Nahrung: Sämereien aller Art, Beeren. Überwinterer Nord- und Ostsee

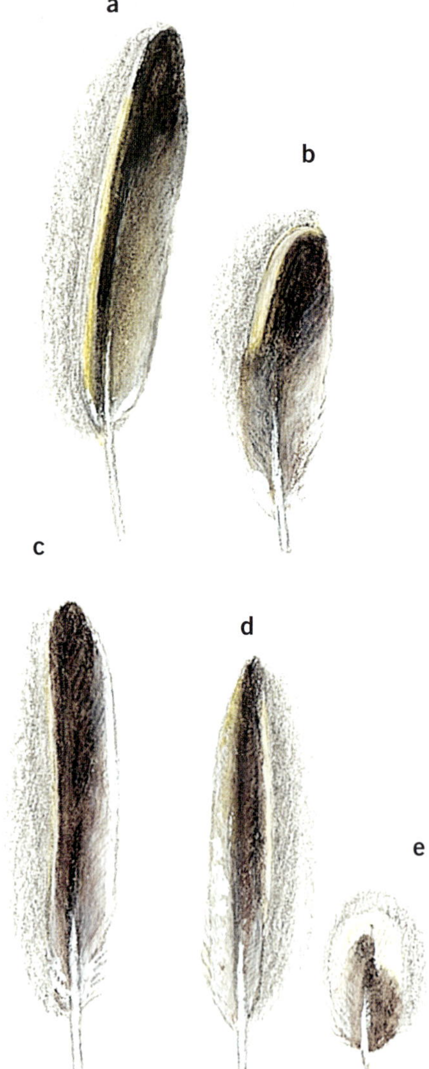

a Hand
b Arm
c und **d** Steuer
e Flügeldeckfeder

Raufußbussard **Buteo lagopus**

ca. 51–61 cm

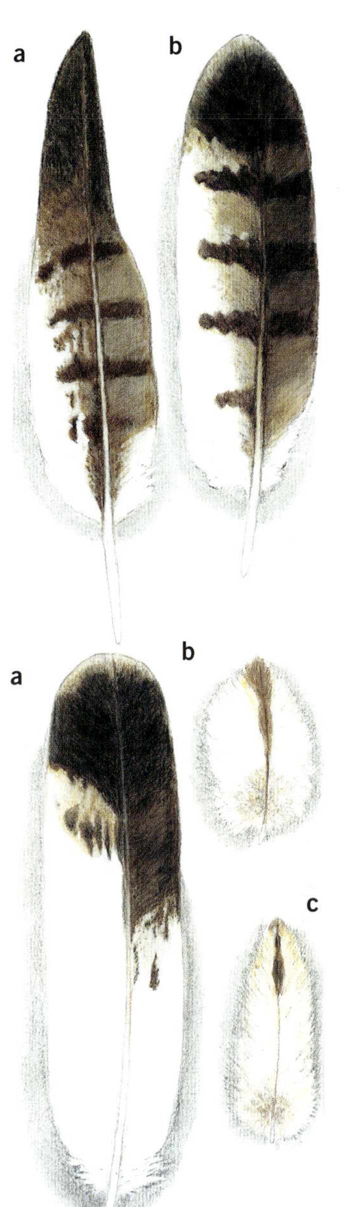

Nordischer Greifvogel, der oft im Winterhalbjahr in südlichen Gefilden erscheint und dort in Gesellschaft mit dem Mäusebussard zu beobachten ist. Brütet in Skandinavien in der Tundra auf dem Boden oder in Felsnischen. Sein Verhalten gleicht dem des Mäusebussards, „rüttelt" aber häufiger als dieser.
Brutdauer: 28–31 Tage.
Nestlingszeit: bis 43 Tage.
Nahrung: Kleinnager.

a Hand
b Arm

a Steuer
b Brustfeder
c Unterschwanzdecke

173

Merlin **Falco columbarius**

ca. 33 cm

Kleiner, nordischer Falke, der in Mooren, in Heiden auf dem Boden oder auf Felsen und in Bäumen oder auf alten Vogelnestern brütet. Jagt im offenen Gelände kleine Vögel und Großinsekten. Eine Jahresbrut Mai–Juni, 4–6 Eier. Brutdauer etwa 26 Tage, Nestlingszeit ca. 26 Tage.

a b c

♀

a Hand
b Steuer
c Schirmfeder

Dreizehenmöwe **Rissa tridactyla**

ca. 40 cm

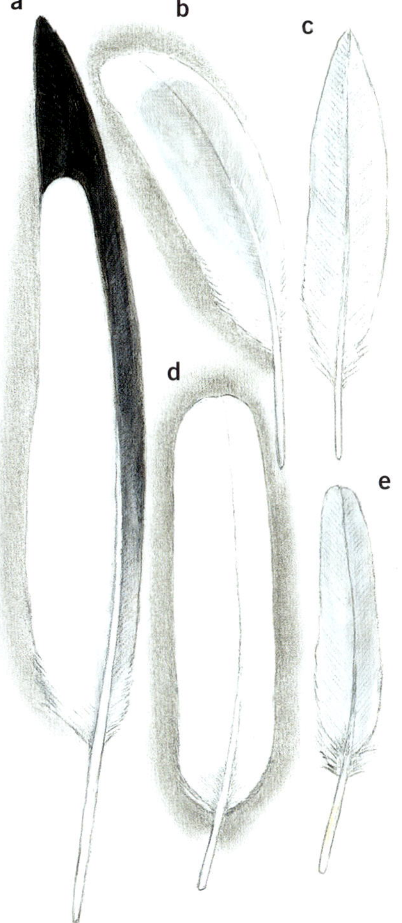

Meeresvogel in den nördlichen Fischgründen. Koloniebrüter in Felswänden. Im Winter oft mit den Stürmen an mitteleuropäische Küsten oder ins Binnenland verschlagen. Eine Jahresbrut Mai–Juni, 2 Eier. Brutdauer ca. 32 Tage, Nestlingszeit bis 43 Tage. Nahrung: Fische

a Hand
b Arm
c Hand
d Steuer, Jungvogel = schwarze Endbinde
e Handdecke

Krabbentaucher **Alle alle**

ca. 20,5 cm

a

Sehr kleiner Tauchvogel des Nordatlantiks und dem angrenzenden arktischen Meer, der im Winter südwärts streicht und oft von Stürmen weit abgetrieben wird. (Federn hier stammen von der norddeutschen Küste!). Eine Jahresbrut im Juni, 1 Ei. Brutdauer ca. 29 Tage, Nestlingszeit etwa 28 Tage. Nahrung: Zooplankton, Fischbrut.
Unregelmäßiger Wintergast an Nord- und Ostsee

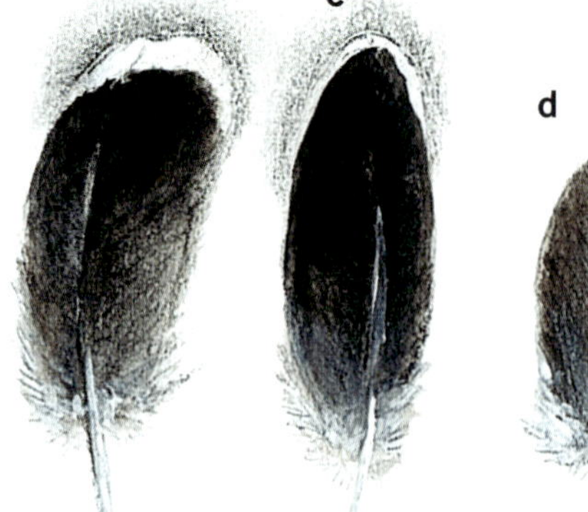

a Hand
b Arm
c Steuer
d Schirmfeder

Alpenstrandläufer **Calidris alpina**

ca. 18 cm

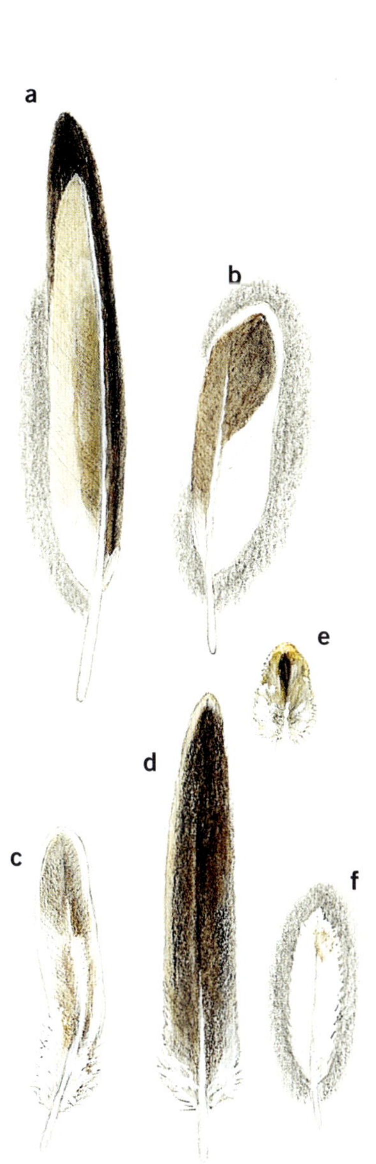

Zugvogel. Nest meistens in Wassernähe in der Bodenvegetation. Eine Jahresbrut Mai–Juni, 3–5 Eier. Brutdauer 16–20 Tage. Die Jungen sind Nestflüchter. Nahrung: Insekten aller Art, Würmer, Larven, Schnecken.

a Hand
b Arm
c Steuer
d Schirmfeder
e Flügeldeckfeder
f Unterflügelfeder

177

Schneeammer **Plectrophenax nivalis**

ca. 15 cm

Brutvogel nördlichen Ödlandes, Beispiel Island. Neststand zwischen dichtem Bodenwuchs. Im Winter vereinzelt in den Küstenregionen erscheinend. Eine Jahresbrut Mai–Juni, 4–5 Eier. Brutdauer ca. 14 Tage, Nestlingszeit etwa 14 Tage. Nahrung: Spinnentiere, Insekten aller Art, Sämereien.

a Arm
b Hand
c und **d** Steuer
e, f und **g** Flügel = Deckfedern
h Hand
i Steuer
j Arm
k Schirmfeder Sommer

Zwergohreule **Otus scops**

ca. 19 cm

Brutvogel im südlichen Europa. Nistet in Baumhöhlen, Mauerlücken und auf Großvogelnestern. Eine Jahresbrut Mai–Juni, 4–5 Eier. Brutdauer ca. 25 Tage, Nestlingszeit etwa 25 Tage. Nahrung: Großinsekten aller Art, Würmer, Kleinvögel, kleine Nager.

a Hand
b Steuer
c Seitenfeder

Seidensänger Cettia cetti

ca. 14 cm

Brutvogel im südlichen Europa im Röhricht von Sümpfen und an Wasserläufen. Nest verborgen in dichter Vegetation. Eine Jahresbrut Mai–Juni, 4–5 Eier. Brutdauer 12–14 Tage, Nestlingszeit ca. 14 Tage. Nahrung: Insekten aller Art, Spinnentiere.

a Hand
b Arm
c Steuer
d Flügeldeckfeder

Moorschneehuhn **Lagopus lagopus**

ca. 35–43 cm

Brutvogel der Strauchtundra und Torfmoore Nordeuropas. Die Nestmulde liegt verborgen unter Gebüsch. Eine Jahresbrut Mai–Juni. Bei Verlust des Geleges eine Zweitbrut. 6–10 (15) Eier. Brutdauer ca. 25–26 Tage. Die Jungen sind Nestflüchter und nach etwa 14 Tagen flugfähig. Nahrung: weiche Pflanzenteile, Beeren, Knospen

a Steuer
b Hand
c Arm
d und **e** Rücken (Schirm)
f Dunenfeder
g Flanke, Farbe und Zeichnung jahreszeitlich variabel

Register Deutsch

A

B

D / E

F

G

Register der zoologischen Namen

A

B

C

D / E

F

G

H

J / L

M

N / O

P

R / S

T / U / V

Der Autor

Eberhard Gabler ist Ornithologe sowie Initiator und langjähriger Leiter eines Naturschutzzentrums in Baden-Württemberg, das mit zwei europäischen Umweltpreisen ausgezeichnet wurde.

Er ist Mitausbilder bei den Jungjägerlehrgängen im Fachbereich Ornithologie und bekannt durch naturkundliche Fernsehbeiträge im SWR.

Als Illustrator, Natur- und Jagdbuchautor veröffentlichte er zahlreiche Bücher wie »Die Fährte«, »Schweigende Götter – flammendes Land«, »Vogelhäuschen« und »Die Spielhahnkönigin«.